Was Sie schon immer über LÄRMSCHUTZ wissen wollten

Verlag W. Kohlhammer
Stuttgart · Berlin · Köln · Mainz

Innenteil aus 100 % Altpapier

Herausgeber: Der Bundesminister für Umwelt, Naturschutz und Reaktorsicherheit
(erarbeitet vom Umweltbundesamt,
Fachgebiet „Aufklärung der Öffentlichkeit in Umweltfragen“
Bismarckplatz 1
1000 Berlin 33)

Redaktion:
Volkhard Möcker
Karl G. Tempel

Fachliche Beiträge:
Alice Döldissen
Eberhard Fischer-Sheik Ali
Eberhard Fiukowski
Dieter Gottlob
Volker Irmer
Siegfried Kalmbach
Paul Klippel
Ralf Kuerer
Wolf-Dietrich Kötz
Barbara Locher
Heinz-Dieter Marohn
Reiner Stenschke
Reiner Wiedemann

Verlag W. Kohlhammer GmbH
Stuttgart, Berlin, Köln, Mainz

Printed in Germany
Technische Herstellung:
Mercedes-Druck, Berlin 61
1.– 85.000 Tausend: Mai 1982
86.–130.000 Tausend: November 1982

2. verbesserte Auflage 1986
131.–140.000 Tausend: November 1986
141.–190.000 Tausend: November 1988

ISBN 3-17-009735-0

INHALT

VORWORT ZUR NEUAUSGABE

Über 25 Millionen Bürger leiden unter Lärm, 8 Millionen sind so stark durch Lärm belastet, daß Gesundheitsschäden nicht auszuschließen sind.

Entsprechend hoch ist das Informationsbedürfnis über Fragen des Lärmschutzes und über die diesbezügliche Politik der Bundesregierung. Dies zeigt auch die rege Nachfrage nach der vorliegenden Broschüre, die nach Erscheinen im Frühjahr 1982 noch im selben Jahr die Herausgabe einer zweiten Auflage erfordert.

Für die Bundesregierung wird die Lärmbekämpfung weiterhin ein Schwerpunkt ihrer Umweltpolitik sein. In den vergangenen zehn Jahren konnten durch gemeinsame Anstrengungen von Bund, Länder, Kommunen und der privaten Wirtschaft beachtliche Erfolge vor allem bei der Verminderung des Baumaschinenlärms und des Fluglärms erzielt werden.

Zukünftig gilt es insbesondere den Straßenverkehrslärm, unter dem die Mehrzahl der lärmbetroffenen Bürger leidet, verstärkt zu bekämpfen: um die akustischen Auswirkungen der rapiden Zunahme der Zahl der Kraftfahrzeuge in der Zeit von 1950 bis 1986 um 29 Millionen auf inzwischen über 31 Millionen Fahrzeuge und der Verdichtung des Straßennetzes auszugleichen. Vor allem folgende weitere Maßnahmen sind dringend geboten:

- Verschärfung der EG-einheitlichen Grenzwerte für Motorräder entsprechend dem Ergebnis laufender deutscher Forschungsvorhaben,
- Stimulierung der Nachfrage nach „besonders lärmarmen Nutzfahrzeugen“ durch Einführung von Benutzungsvorteilen in lärmsensiblen Gebieten („Bad Reichenhaller Modell“),
- Schaffung großflächiger verkehrsberuhigter Zonen in Großstädten,

- Verbesserung des Verkehrsflusses (um lärmintensives Anfahren zu vermeiden),
- Einführung von Tempo 30 in Wohnstraßen,
- Steigerung der Attraktivität des öffentlichen Nahverkehrs (auch durch Tarifverbund, Benutzervorteile, Park- und -Ride-Systeme usw).
- Förderung einer vermehrten Benutzung des Fahrrades anstelle des Kraftfahrzeuges, z.B. durch Ausbau des Netzes von Fahrradwegen.

1. Einführung

1.1. Wie Immanuel Kant sein Lärmproblem verspeiste

Schon früh erregte der Lärm der Menschen den Zorn der Götter und als Antwort beschlossen sie, die Menschen mit der Sintflut zu strafen – nachzulesen im „Gilgamesch-Epos aus Ninive", geschrieben 2000 Jahre vor unserer Zeitrechnung. 200 Jahre vor unserer Zeitrechnung erließ der chinesische Polizeiminister Ming-Ti eine Anordnung, wonach Gotteslästerer mit dem Tod durch Lärm bestraft wurden: „denn das ist der qualvollste Tod, den ein Mensch erleiden kann".

Königin Elisabeth von England verbot 1800 Jahre später den Familienvätern Englands, körperliche Züchtigungen nach 22 Uhr vorzunehmen, damit die Nachtruhe der anderen Mitbürger nicht durch Geschrei gestört würde und das Allgemeine Preußische Landrecht von 1793 bestimmte: „Mutwillige Buben, welche auf den Straßen lärmen (. . .) sollen mit verhältnismäßigem Gefängnis, körperlicher Züchtigung oder Zuchthaus bestraft werden".

Seit Urgedenken gibt es Lärm und seit es Menschen gibt, fühlen sich diese durch ihn gestört. Philosophen, Dichter und Denker aller Epochen haben dies in ihren Werken dokumentiert. Ob Hippokrates, Platon oder Aristoteles, Horaz, Dante oder Goethe – sie alle haßten den Lärm und liebten die Ruhe. Nicht alle aber waren bei der Lösung ihrer Lärmprobleme so erfolgreich wie Immanuel Kant, der sich in seiner frühmorgendlichen Arbeit durch das Krähen eines Hahnes gestört fühlte: Kant kaufte kurzerhand den Kräher und verspeiste ihn bei einem Festmahl mit seinen Freunden . . .

1.2. Lärm – Geißel unserer Zeit

Unsere Welt ist lauter geworden. Die fortschreitende Industrialisierung und Technisierung hat den Lärm in alle Lebensbereiche gebracht. Und während man noch zu Beginn unseres Jahrhunderts das laute Schlagen des Dampfhammers oder das Rasseln des mechanischen Webstuhles als Symbol für Kraft,

Fortschritt und besseres Leben ansah, kennen wir heute die negativen Folgen dieser Entwicklung.

Rund 20 bis 25 Millionen Bundesbürger, das sind etwa 40 Prozent der Gesamtbevölkerung, fühlen sich nach Angaben des Sachverständigenrates für Umweltfragen zeitweise oder dauernd durch Lärm belästigt. Für die Stadtbewohner ist Lärm diejenige Umweltbelastung, über die sie am meisten klagen.

Lärm greift tief in das Leben der Menschen ein. Er beeinträchtigt Schlaf und Erholung, verursacht Kopfweh und Unlustgefühle, erzeugt Aggressionen, mindert die körperliche und geistige Leistungsfähigkeit, behindert die sprachliche Komunikation und erzwingt Änderungen des Wohn- und Freizeitverhaltens. Lärm gefährdet auch die Gesundheit: Neue Forschungsergebnisse weisen auf einen Zusammenhang hin zwischen Verkehrslärmbelastung und Bluthochdruck; Lärm ist also auch ein Risikofaktor für die Gesundheit.

Und dennoch – Millionen von Mitbürgern setzen sich bei vielen Gelegenheiten freiwillig Geräuschen aus, die das Gehör schädigen können: beim Besuch von Diskotheken oder Motorsportveranstaltungen, beim Motorradfahren oder Heimwerken zum Beispiel. Allerdings empfindet ein Motorradfahrer das von ihm erzeugte Geräusch nicht als Lärm – im Gegenteil, er liebt dieses Geräusch, weil es ihm Tempo, Kraft und Stärke vortäuscht. Der Passant oder Anwohner am Straßenrand dagegen empfindet dasselbe Geräusch als störenden Lärm: er ist ein Betroffener dieses Lärms, dessen Unterhaltung gestört, dessen Schlaf unterbrochen oder dessen Erholung beeinträchtigt wird.

Lärm ist ja ein sehr subjektiver Begriff. Wie sagte es schon treffend Wilhelm Busch:

„Musik wird störend oft empfunden
dieweil sie mit Geräusch verbunden."

1.3. Wider die Begriffsverwirrung

Wer über „Lärmschutz" redet, meint meistens „Schallschutz" oder „Geräuschminderung". Wer über Lärm redet, meint oftmals Schalldruckpegel oder Dezibel. Um dieser Begriffsverwirrung entgegen zu wirken, ein paar begriffliche Grundlagen. Zunächst, was ist Lärm?

Der Gesetzgeber beschreibt den **Lärm** auf etwas umständliche Art und Weise:

„Lärm ist Schall (Geräusch), der Nachbarn oder Dritte stören (gefährden, erheblich benachteiligen oder erheblich belästigen) kann oder stören würde."
(Aus der „Technischen Anleitung zum Schutz gegen Lärm – TA Lärm")
Aus dieser „offiziellen" Definition ergibt sich:

- Lärm ist störender, belästigender oder gar gefährdender Schall.
- Lärm ist kein physikalischer, sondern ein subjektiver Begriff: für die Bewertung von Schall als Lärm sind die Betroffenen maßgebend.

Lärm ist demzufolge auch nicht meßbar: subjektive Empfindungen entziehen sich objektivierbaren Meßverfahren. Meßbar hingegen sind die auftretenden **Geräusche**. Was aber sind Geräusche und wie lassen sie sich messen? Um dies zu beantworten, müssen wir uns zunächst einigen Begriffen und Vorgehensweisen der Akustik (das ist die Lehre vom **Schall**) zuwenden. Schall entsteht durch Schwingungen einer Schallquelle (z.B.: Stimmbänder oder Lautsprechermembran) und benötigt zu seiner Ausbreitung ein Medium (z.B.: die Luft). Die Schwingungen der Schallquelle übertragen sich auf das Medium. Diese Schwingungen bzw. Druckschwankungen der Luft kann unser Ohr als Schall wahrnehmen. Schall kann sich aber auch über Flüssigkeiten (Wasser) oder Festkörper (z.B. Rohrleitungen, Wände, Decken) ausbreiten. Die Ausbreitungsgeschwindigkeit ist abhängig vom jeweiligen Medium.

Die Fülle dessen, was wir hören können, wird vor allem durch die Lautstärke und Tonhöhe bestimmt. Die Lautstärke, also der Eindruck, wie laut ein Schall ist, hängt von der Größe der Luftdruckschwankungen, also dem „Schalldruck", ab: je größer die Schwankungen (bei gleicher Tonhöhe), um so lauter wird der Schall empfunden. Verglichen mit dem atmosphärischen Luftdruck sind die dem Schall zugrunde liegenden Druckschwankungen außerordentlich gering: bei normaler Sprache z.B. betragen sie wesentlich weniger als ein Millionstel des Luftdrucks!

Die Tönhöhe eines Schalls hängt von der Häufigkeit der Druckschwankungen ab. Die Anzahl der Schwingungen einer Schallwelle in der Sekunde wird **Frequenz** genannt und in der Einheit „**Hertz**“ **(Hz)** angegeben. Wir empfinden einen Ton um so höher, je größer die Frequenz des Tones ist. Ein Jugendlicher kann Töne im Frequenzbereich von etwa 10 bis 16 000 Hz hören, doch verliert der Mensch mit zunehmendem Alter die Fähigkeit, sehr hohe Töne wahrzunehmen.

In unserer Umwelt kommen reine Töne (mit nur einer Frequenz) nur sehr selten vor. Vielmehr haben wir es meistens mit einem Gemisch lauter und leiser, hoher und tiefer Frequenzen zu tun. Dieses Gemisch nennen wir **Geräusch**.

Das menschliche Gehör verfügt zwischen **Hörschwelle** und **Schmerzgrenze** über eine erstaunlich große Spanne zur Wahrnehmung des Schalldruckes. Die **Schallintensität** (= Schallleistung pro Fläche, die z.B. auf unser Ohr bzw. Trommelfell trifft), kann millionen- und billionenmal stärker sein als an der Hörschwelle. Um nicht mit so riesigen Zahlen umgehen zu müssen, einigte man sich in der Akustik bereits vor einigen Jahrzehnten darauf, „**Schalldruckpegel**“ in **Dezibel** (dB) anzugeben. Die Dezibelskala ist logarithmisch aufgebaut, dadurch gelingt es, die Schallintensität vom relativen Wert 1 (Hörschwelle) bis zum Wert 10 000 000 000 000 (= 10 Billionen – Schmerzgrenze) in Werten von 0 bis 130 dB zu erfassen.

Für die Dezibel-Skala gelten damit aber auch besondere Rechenregeln: erhöht man einen Schallpegel um 10 dB, so entspricht das einer Verzehnfachung der Schallintensität. Eine Erhöhung um 20 dB entspricht einer hundertfachen und eine Erhöhung um 30 dB einer tausendfachen Vergrößerung der Schallintensität. Addiert man die Schallpegel, so ergeben 50 dB + 50 dB nicht 100 dB, sondern 53 dB: eine Erhöhung (Verminderung) des Schallpegels um 3 dB entspricht einer Verdoppelung (Halbierung) der Schallintensität.

Wie wir bereits erfahren haben, ist das menschliche Ohr nicht für alle Frequenzen (also Tonhöhen) gleich empfindlich. Die größte Hörempfindlichkeit besitzen wir zwischen 1000 und 4000 Hz, d.h. tiefe Töne unter 1000 Hz und hohe Töne über 4000 Hz nehmen wir vergleichsweise leiser wahr als Töne mittlerer Frequenz. Diese frequenzabhängige Empfindlichkeit des menschlichen Gehörs wird bei Schallmessungen mit

„**Bewertungskurven**" nachgebildet, die durch Buchstaben gekennzeichnet werden. International wird vor allem die Kurve „A" angewandt. **Pegelwerte**, die nach der Kurve A bewertet werden, werden in dB(A) angegeben.

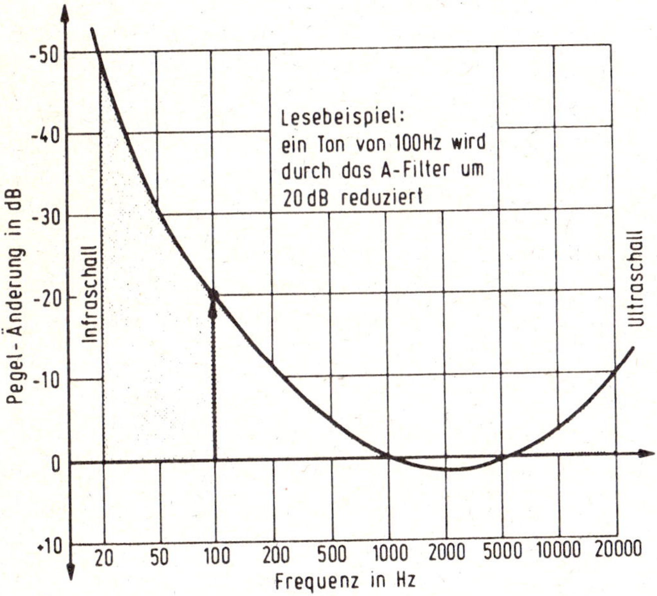

Die Frequenzbewertung durch das A-Filter

Die früher gebräuchliche Einheit „DIN-phon", die mit gewissen Abweichungen dem dB(A)-Wert entspricht, wird heute im Bereich des Umweltschutzes nicht mehr verwendet.

Sehr leise Geräusche von 0 bis 20 dB(A) kann man praktisch nur unter Laborbedingungen hören, da die üblichen Umgebungsgeräusche schon wesentlich lauter sind. Weitab von Städten und Verkehrswegen betragen die Umgebungsgeräusche

20 bis 30 dB(A), wenn kein starker Wind weht und keine natürlichen Schallquellen (z.B. Wasserfälle) in der Nähe sind. Bei normaler Unterhaltung liegen die Schallpegel zwischen 40 und 60 dB(A), bei starkem Stadtverkehr bei 80 dB(A); Presslufthammer und Musikanlagen (z.B. Diskotheken) erreichen bis zu 100 dB(A), das Triebwerk eines Düsenflugzeuges in 100 Meter Entfernung bis zu 130 dB(A).

Der Lärm in unserer Umwelt ist aber meist eine Mischung unterschiedlicher Geräusche mit ständig wechselnder Lautstärke und Frequenzzusammensetzung. Um dennoch vergleichbare Werte zur Beschreibung der Geräuschbelastung zu erhalten, wird als Hilfsgröße der „**Mittelungspegel**" herangezogen. Dieser ist der Mittelwert der Schallintensität innerhalb eines bestimmten Beurteilungszeitraumes. Er wird ebenfalls in dB(A) angegeben. Aus dem Mittelungspegel herausragende „Pegelspitzen" können auch in die Bewertung der Lärmbelastung eingehen.

Ein Nachteil des Mittelungspegels besteht darin, daß der Zahlenwert keinen Aufschluß über die Zeitstruktur und die Ereignishäufigkeit der ursprünglichen Geräusche gibt: so ergeben z.B. 2000 PKW in 25 m Abstand pro Stunde bei Stadtgeschwindigkeit (50 km/h) den gleichen Mittelungspegel von 65 dB(A) wie ein einziger D-Zug pro Stunde, der mit 160 km/h vorbeifährt. Während der Betroffene dem (nicht allzu lauten) PKW-Lärm aber praktisch ununterbrochen ausgesetzt ist, belästigt der (sehr laute) D-Zug-Lärm nur während der Vorbeifahrt: in der restlichen Zeit herrscht Ruhe! Ein weiterer Nachteil besteht darin, daß zusätzliche Geräusche, deren Pegel mehr als 10 dB(A) unter dem vorhandenen Mittelungspegel liegen, sich rechnerisch nicht auswirken.

Zu beachten ist auch, daß eine Erhöhung des Mittelungspegels um „nur" 3 dB (A) eine Verdoppelung, eine Erhöhung um 10 dB(A) eine Verzehnfachung der Ereignishäufigkeit, d.h. hier der Verkehrsmenge, bedeuten kann. Steigt der Mittelungspegel also von 65 auf 75 dB(A), so kann dies auf einer Erhöhung der Verkehrsmenge von 1 D-Zug mit einer Geschwindigkeit von 160 km/h auf 10 D-Züge mit 160 km/h pro Stunde beruhen. Die Angabe von Mittelungspegeln sollte daher stets durch Erläuterungen über spezifische Eigenschaften der Lärmquelle ergänzt werden.

Erläuterungen zur Dezibel-Skala

Bei gleicher Geschwindigkeit bedeutet:	
+ 3 dB(A) =	Verdoppelung der Verkehrsmenge
+ 6 dB(A) =	Vervierfachung der Verkehrsmenge
+ 10 dB(A) =	Verzehnfachung der Verkehrsmenge
– 3 dB(A) =	Halbierung der Verkehrsmenge
– 6 dB(A) =	Reduktion der Verkehrsmenge auf ein Viertel
– 10 dB(A) =	Reduktion der Verkehrsmenge auf ein Zehntel

Beispiel: 65 dB(A)

In einer Entfernung von 25 m vom Verkehrsweg und bei ungehinderter Schallausbreitung bedeuten 65 dB(A):
2000 PKW's pro Stunde, bei Stadtgeschwindigkeit 50 km/h)
oder:
1 D-Zug pro Stunde (160 km/h) und sonst Ruhe
oder:
1 D-Zug pro Stunde (160 km/h), plus 200 PKW's bei Stadtgeschwindigkeit (50 km/h)*

* Zusätzliche Geräusche, deren Pegel mehr als 10 dB(A) unter dem vorhandenen Mittelungspegel liegen, wirken sich rechnerisch nicht aus.

2. Die Hauptquellen des Lärms

Jeder zweite Haushalt in der Bundesrepublik Deutschland gibt bei Befragungen an, entweder dauernd oder zeitweise stark durch Lärm belästigt zu werden. Von den meisten Bundesbürgern wird der Straßenverkehrslärm als die größte Belastung empfunden. In den Städten sind etwa 6 Mio. Bürger durch den

Straßenverkehr Lärmpegeln ausgesetzt, bei denen ein erhöhtes Risiko für Herz-Kreislauf-Erkrankungen zu befürchten ist. Auch außerhalb geschlossener Ortschaften sind riesige Flächen, man spricht von etwa 20 000 km^2, so mit Lärm überzogen, daß die dort wohnenden Bürger nur bei geschlossenen Fenstern ungestört schlafen können.

Auch die Klagen über Fluglärm haben in den letzten Jahren zugenommen. Aber auch andere Lärmquellen wie Industrie- und Gewerbebetriebe, Baustellen oder auch der Wohn-, Freizeit- und Nachbarschaftslärm zerren an unseren Nerven.

2.1. Straßenverkehrslärm

Innerhalb von 35 Jahren hat sich der Bestand an **Kraftfahrzeugen** in der Bundesrepublik Deutschland mehr als verfünfzehnfacht: von rund 2 Millionen Kfz im Jahr 1950 auf über 31 Millionen im Jahr 1986!

An der Spitze der Belästigungsskala stehen Krafträder, **Mopeds** und **Lastkraftwagen**. Krafträder und Mopeds gelten als besondere „Krachmacher“, weil sie serienmäßig meist auf die höchstmögliche Drehzahl ausgelegt sind und fast immer hochtourig gefahren werden. Darüber hinaus werden über die Hälfte aller Mopeds, Mokicks und Mofas von ihren meist jugendlichen Benutzern „frisiert“ (z.B. Entfernen des Ansaugfilters oder Aufbohren der Schalldämpfer). Das an sich relativ leise Fahrzeug wird dann zu einem unerträglichen Krachmacher, der mit bis zu 90 dB (A), das entspricht dem Schallpegel eines Preßlufthammers, durch die Straßen lärmt.

Aus diesem Grunde wurde zusammen mit der Zweiradindustrie der sog. „Antimanipulationskatalog“ (AMK) entwickelt. Der AMK enthält Bauvorschriften, die Manipulationen deutlich erschweren. Die Straßenverkehrszulassungsordnung schreibt die Anwendung des AMK inzwischen zwingend vor.

Gerade die „Krachmacher“, die auch bevorzugt in Wohngebieten betrieben werden, hatten im vergangenen Jahrzehnt besonders hohe Zuwachsraten zu verzeichnen. So hat der Bestand an Mopeds, Mofas und Mokicks von 1971 bis 1986 von 1,10 Millionen auf 1,4 Millionen zugenommen. Geradezu traumhafte Wachstumsraten konnten die Hersteller von Krafträdern für sich buchen. Zwischen 1971 und 1986 wuchs der Bestand an Krafträdern (über 50 cm^3 Hubraum) von 201 000 auf 1,04 Millionen!

Dieser „Motorrad-Boom" erklärt sich vor allem durch einen Wandel der Einstellung gegenüber dem Kraftrad: es ist heute nicht mehr nur „Verkehrsmittel", sondern unter den Werbeparolen von „Freiheit", „Unabhängigkeit" und „Abenteuer" vor allem ein Sportgerät zur Freizeitgestaltung. Die Lärmbekämpfung bei Krafträdern steht deshalb auch vor besonderen psychologischen Problemen!

Der **Lastkraftwagen**-Bestand ist seit 1971 um etwa 30% von 1,0 auf 1,3 Millionen Fahrzeuge (1986) angestiegen. Wegen der Tendenz zu leistungsstärkeren Motoren beim LKW-Einsatz hat die Lärmbelästigung durch LKW ebenfalls zugenommen.

PKW stellen zwar die leiseste aller Fahrzeugkategorien dar. Aufgrund ihrer großen Anzahl sind sie jedoch die Hauptquelle für den Straßenverkehrslärm.

Der von ihnen verursachte Lärm hängt aber nicht nur vom Fahrzeug, sondern wesentlich auch vom Fahrverhalten und von den Fahrbedingungen ab, die wiederum stark von der Verkehrsdichte beeinflußt werden. Je dichter der Verkehr, um so öfter müssen die Autofahrer anfahren und bremsen. Gerade in den Ballungsgebieten hat die Verkehrsdichte in den vergangenen Jahren stark zugenommen, so daß dort die lärmintensiven Fahrzustände wie Bremsen, Anfahren, Beschleunigen usw. immer häufiger werden.

Ein weiteres Problem ergibt sich durch das immer dichter werdende Straßennetz in der Bundesrepublik Deutschland. Die Gesamtlänge des überörtlichen Straßennetzes hat sich im vergangenen Jahrzehnt um rund 5000 km erhöht, davon entfielen etwa 2000 auf Bundesautobahnen.

Die Gesamtlänge der Gemeindestraßen ist in diesem Zeitraum sogar um knapp 20 000 km gewachsen. Wenn auch der Ausbau des Straßennetzes im Einzelfall zu einer Verbesserung der Umweltsituation beitragen mag – z.B. durch Konzentration von Verkehrsströmen auf Autobahnen oder Umgehungsstraßen – bedeutet er grundsätzlich doch eine weitere Verteilung der Lärmquellen über die gesamte Fläche der Bundesrepublik und damit eine zunehmende „Verlärmung" bisher noch ruhiger Gebiete.

2.2. Schienenverkehrslärm

Schienenverkehrslärm unterscheidet sich vor allem in der Zeitstruktur sehr vom Straßenverkehrslärm. Während in stark belasteten Gebieten der Straßenverkehrslärm mehr oder weniger ein Dauergeräusch ist, treten Schienenverkehrsgeräusche als kurzfristige, in der Lärmspitze aber erheblich lautere Geräusche auf. Der Schienenverkehrslärm wird am störendsten beim Fernsehen und bei Gesprächen empfunden, weniger beim Lesen, Ausruhen und Schlafen. Es ist aber eine Besonderheit des Schienenverkehrslärms, daß er von der Bevölkerung mehr toleriert wird als Straßenverkehrslärm.

2.3. Fluglärm

Der Fluglärm stellt auch nach der Einführung lärmmindernder Maßnahmen noch ein ernstes Umweltproblem dar.

Umfragen haben ergeben, daß sich rund 3 bis 5 Millionen Bundesbürger zeitweilig oder dauernd von Fluglärm gestört fühlen.

Aber es gibt erfreuliche Tendenzen: Aufgrund des verstärkten Einsatzes von Großraumflugzeugen in den 70er Jahren haben die Flugbewegungen trotz eines großen Anstieges des Passagieraufkommens nur noch leicht zugenommen.

Durch den Einsatz von neuen, leiseren Flugzeugen wie der Boeing B 757, McDonnell MD-80, Lockheed L 1011 oder den europäischen Flugzeugen Airbus A 300 und A 310 konnte die Lärmbelastung an den Verkehrsflughäfen bereits spürbar verringert werden. Heute werden über 84 % der Start- und Landevorgänge auf bundesdeutschen Verkehrsflughäfen mit leiseren Flugzeugen durchgeführt.

Eine starke Lärmbelästigung geht von den propellergetriebenen Leichtflugzeugen aus, von denen es heute etwa 6000 Stück auf dem Gebiet der Bundesrepublik Deutschland gibt. Da sich der Flugverkehr mit diesen Maschinen sehr stark auf die Feierabendstunden (zwischen 17 und 20 Uhr) sowie die Wochenenden konzentriert und ein erheblicher Teil der Flugmanöver als Platzrundenflüge oder Schulungsflüge in niedriger Höhe durchgeführt werden, ergibt sich eine beträchtliche Lärmbelastung für die Umgebung dieser Landeplätze.

Eine erhebliche Belästigung geht von Tiefflugübungen mit militärischen Flugzeugen aus. Allerdings wurden hier zahlreiche Beschränkungen eingeführt, um die Belastung in einem erträglichen Maß zu halten.

2.4. Industrie- und Gewerbelärm

Industrie- und Gewerbelärm ist nicht nur ein Umwelt-, sondern auch ein Arbeitsschutzproblem.

Nach Schätzungen der Berufsgenossenschaften sind in der Bundesrepublik Deutschland 2,5 bis 2,7 Millionen Arbeitnehmer an ihrem Arbeitsplatz Geräuschpegeln von mehr als 85 dB(A) und 1,6 bis 1,8 Millionen Arbeitnehmer Pegeln von mehr als 90 dB(A) ausgesetzt (Vergleich: ein Preßlufthammer verursacht in 10 m Entfernung einen Pegel von 85 bis 90 dB(A)). Bei diesen hohen Belastungen muß damit gerechnet werden, daß nach jahrelanger Einwirkung Lärmschwerhörigkeit auftritt. Im Jahr 1985 wurden rund 8270 Fälle von Lärmschwerhörigkeit angezeigt und 1114 Betroffene erstmals entschädigt. Damit liegt die Lärmschwerhörigkeit jetzt auf Platz 2 der angezeigten Berufskrankheiten.

In bestimmten Gebieten, vor allem in der Nähe von metallverarbeitenden Betrieben, in denen Hämmer, Pressen oder Fräsen arbeiten, von Freianlagen der Mineralöl- und chemischen Industrie, von Kraftwerken, Sägewerken, Förder- und Umschlaganlagen usw. kann Lärm ein erhebliches Umweltproblem darstellen. Dies ist besonders in Verdichtungsräumen der Fall, wo in der Vergangenheit Industrie-, Gewerbe- und Wohngebiete weitgehend aufeinander zuwuchsen, so daß sich heute in den belasteten Gebieten meistens „Mischpegel" aus Industrie-, Gewerbe- und Verkehrslärm ergeben. Wenn auch durch die räumliche Nähe unnötiger Verkehr – und damit Lärm – verhindert wird, kann eine zu enge Nachbarschaft von Gewerbe-, Wohn- und Erholungsgebieten zu Störungen führen. Daher sollte bereits bei der Bauleitplanung auf eine sinnvolle Zuordnung und ausreichende Abstände geachtet werden.

2.5. Baulärm

Baustellen gehören traditionell zu den lärmintensiven Arbeitsbereichen. Der Lärm wird dabei vor allem durch die am Bau verwendeten Maschinen und Geräte verursacht. Im Bauhauptgewerbe in der Bundesrepublik waren 1984 z.B. über 120 000 Betonmischer, 54 000 Kompressoren, 43 000 Turmdrehkräne, 42 000 Bagger und 33 000 Radlader im Einsatz. Dabei zeichnet sich ein Trend zu leistungsstarken Spezialmaschinen und zu Universalmaschinen mittlerer Leistung ab.

2.6. Wohn- und Freizeitlärm

Im Wohnbereich wird Lärm als besonders störend empfunden, weil hier meist ein relativ niedriger Grundpegel vorherrscht oder zumindest erwartet wird. Dabei reagieren die Menschen auf Geräusche aus Nachbarwohnungen wesentlich empfindlicher als auf Geräusche, die von außen eindringen. Ein Geräusch aus der Nachbarwohnung kann schon dann als störend empfunden werden, wenn es gerade die Wahrnehmungsschwelle überschreitet. Haus- und Wohnlärm kann sowohl durch das Verhalten von Personen verursacht werden (z.B. durch lautes Türenknallen, Musikwiedergabe oder das Spielen von Musikinstrumenten) als auch durch Hausgeräte und -maschinen erzeugt werden. Die zunehmende Ausstattung der Haushalte mit Haushalts- und Hobbygeräten, z.B. Staubsaugern, Fernsehapparaten und Stereoanlagen, Waschmaschinen oder auch Schlagbohrgeräten, läßt auch künftig ein Ansteigen der Lärmbelastung im Wohnbereich befürchten.

3. Die Folgen des Lärms

3.1. Störung – Belästigung – Verärgerung

Störender oder belästigender Lärm kann zu Verärgerung, Nervosität, Kopfschmerzen führen und die Fähigkeit zu

Konzentration und Aufmerksamkeit vermindern; als Folge kann z.B. das Unfallrisiko ansteigen.

An der Spitze der Belästigungsskala steht der Straßenverkehrslärm. Eine in einer Großstadt geführte Studie hat ergeben, daß über 70% der Bevölkerung spontan Autos nennen, wenn sie nach störenden Lebensbedingungen in ihrem Wohngebiet gefragt werden. Als wichtigste Beeinträchtigungen durch Straßenverkehrslärm werden genannt:

- Störung der Kommunikation (Unterhaltung, Fernsehen, Musikhören, Telefonieren)
- Beeinträchtigung der Erholung, Entspannung und der Ruhe am Feierabend,
- Beeinträchtigung des psychischen Wohlbefindens aufgrund lärmbedingter Nervosität, Verärgerung usw.
- Minderung der Wohnqualität.

Von diesen verschiedenen Wirkungen wird die Störung der Erholung und Entspannung im Freien, vor allem in der Feierabendzeit, als die ärgerlichste bewertet.

Umweltlärm vermindert nicht nur das Wohlbefinden, sondern beeinträchtigt auch das Leistungsvermögen. Schallpegel über 90 dB(A) führen in der Regel bei allen Tätigkeiten zu Leistungseinbußen. Aber auch niedrige Pegel können bei stärkerer Belastung durch andere Faktoren, z.B. wenn schwierige Arbeiten unter Zeitdruck auszuführen sind, erhebliche Wirkungen auslösen. Die Lärmeinwirkungen auf das Leistungsvermögen äußern sich vor allem in verminderter Aufmerksamkeit, Ablenkung, Erhöhung der Reaktionszeit, Verlangsamung geistiger Prozesse, Verminderung der Motivation usw.

3.2. Lärm macht krank

Dauerhafte, starke Lärmbelastungen können zu Gesundheitsschäden führen.

Physische Lärmwirkungen äußern sich z.B. durch Anstieg des Blutdruckes, Erhöhung der Herz- und Atemfrequenzen, Veränderungen der Gehirnaktivitäten, der Durchblutung und Muskelspannung, Erweiterung der Pupillen, Ausscheiden von

Streßhormonen usw. In Laborexperimenten wurde festgestellt, daß solche Reaktionen schon bei Schallpegeln ab 60 dB(A) auftreten. Erheblich niedriger liegt dagegen z.B. der Schwellenwert für nächtliche Schlafstörungen. Schon bei Pegeln über 30 dB(A) im Innenraum kann der Nachtschlaf gestört sein. Die langfristigen Folgen anhaltender Schlafstörungen sind noch nicht erforscht. Es ist aber zu befürchten, daß bestimmte, vegetativ bedingte Krankheitssymptome durch langfristig andauernde Störungen der Nachtruhe ausgelöst oder verstärkt werden.

Eine im Auftrag des Umweltbundesamtes durchgeführte Studie hat den Verdacht erhärtet, daß ein Zusammenhang zwischen Verkehrslärm und Erkrankungen durch hohen Blutdruck besteht. Davon sind insbesondere Personen betroffen, in deren Familien bereits Bluthochdruck-Erkrankungen aufgetreten sind. Da Bluthochdruck zu den häufigsten Krankheiten in der Bundesrepublik Deutschland zählt (etwa 6 Millionen Erkrankte) und einen der bedeutendsten Risikofaktoren für Herzinfarkt und Gefäßkrankheiten darstellt, ist ein höheres Erkrankungsrisiko durch starken Verkehrslärm von großer umwelt- und gesundheitspolitischer Bedeutung.

Die gravierendste physische Schädigung durch Lärm ist die Lärmschwerhörigkeit. Das menschliche Innenohr enthält ca. 20 000 Sinneszellen (Haarzellen). Sie wandeln die Schallwellen in elektrische Signale um, die dem Gehirn zugeleitet werden und dort die Hörempfindung auslösen. Diese Haarzellen werden durch laute Geräusche in ihrer Leistungsfähigkeit beeinträchtigt, so daß es zu einer vorübergehenden Vertäubung des Ohres kommt. Wenn die Geräuschbelastung zu stark und von längerer Dauer ist, sterben die Haarzellen nach und nach ab. Da sie nicht regenerationsfähig sind, entsteht ein bleibender Gehörschaden. Zunächst nimmt die Hörfähigkeit für hohe Töne ab, bei weiterer Belastung dann auch für tiefe Töne. Die Gehörschädigung kann schließlich zur Taubheit führen.

Für Menschen, die über mehrere Jahre hinweg täglich Geräuschpegeln von über 85 dB(A) ausgesetzt sind, besteht die Gefahr einer bleibenden Gehörschädigung.

Lärmbelastungen, die zu Gehörschädigungen führen, treten vor allem an Arbeitsplätzen, aber auch in Freizeiteinrichtungen wie Diskotheken oder Schießanlagen auf.

Für Menschen, die am Arbeitsplatz starkem Lärm ausgesetzt sind, ist es besonders wichtig, daß sich ihr Gehör in der Freizeit erholen kann. Untersuchungen des Umweltbundesamtes haben gezeigt, daß diese Gehörerholung beeinträchtigt wird, wenn die arbeitsfreie Zeit in einer lauten Umgebung, z.B. an einem durch Verkehrslärm belasteten Wohnort, verbracht wird.

3.3. Weniger Lebensqualität

Eine der schwerwiegendsten sozialen Folgen von Umweltlärm ist die Verminderung der Wohnqualität von Millionen von Mitbürgern.

Wer einem hohen Außenlärmpegel, z.B. durch den Straßenverkehr, ausgesetzt ist, ändert sein Verhalten sowohl innerhalb wie außerhalb der Wohnung: innerhalb der Wohnung bleiben z.B. die Fenster häufig oder ständig geschlossen, die Räume werden weniger gelüftet, der Fernseher oder das Radiogerät lauter gestellt, die Kommunikation wird eingeschränkt. Außerhalb der Wohnung muß z.B. auf die Nutzung von Balkon oder Garten oder ein „Schwätzchen" mit dem Nachbarn am Gartenzaun oder Straßenrand weitgehend verzichtet werden.

Von dieser Minderung der Wohnqualität sind vor allem die Anwohner verkehrsreicher, innerstädtischer Straßen, von Autobahnen und Schnellstraßen, Eisenbahnlinien, Flughäfen und Industriebetrieben betroffen. Die Absenkung des Lärmpegels durch passive Lärmschutzmaßnahmen wie den Einbau von Schallschutzfenstern oder die Errichtung von Schallschutzwällen und -wänden ist häufig mit gravierenden Nachteilen wie Isolierung, Sichtbehinderung und Beeinträchtigung der Landschaft verbunden.

Die Umweltbelastung durch Lärm spielt deshalb auch eine wichtige Rolle beim Wohnungswechsel. Es ist offensichtlich, daß jüngere, mobilere und einkommensstärkere Bevölkerungsgruppen eher als andere in der Lage sind, in weniger belastete Gebiete, z.B. in die Stadtrandzonen, umzuziehen. Die sozial Schwächeren aber müssen in den lärmbelasteten Gebieten zurückbleiben

4. Kampf dem Lärm

4.1. Zur Systematik der Lärmbekämpfung

Lärm kann durch administrative, technische und planerische Maßnahmen sowie auch mit den Mitteln der Aufklärung bekämpft werden.

Zu den administrativen Maßnahmen zählen z.B.

- die gesetzliche Festlegung von **Grenzwerten**,
- die Festlegung von **Lärmschutzbereichen** für Flugplätze,
- die Gewährung von **Benutzungsvorteilen** für besonders lärmarme Erzeugnisse,

Die technischen Maßnahmen umfassen

- die Lärmbekämpfung an der „Quelle", z.B. durch Konstruktion leiser Fahrzeuge, **Kapselung** von Motoren, Änderungen der Betriebweise usw.,
- Minderungsmaßnahmen auf dem Ausbreitungsweg des Lärms, z.B. durch Errichtung von **Lärmschutzwällen**, oder Einbau von **Schallschutzfenstern**
- Minderungsmaßnahmen beim Lärmbetroffenen, z.B. durch **Gehörschutz**.

Die planerischen Maßnahmen umfassen insbesondere

- die Berücksichtigung des Lärmschutzes bei der Stadt- und Verkehrsplanung,
- nachträgliche Maßnahmen zur Verkehrsberuhigung, verkehrsregelnde und verkehrslenkende Maßnahmen (z.B. „grüne Welle"),
- die Erstellung und Durchführung von Lärmvorsorge- und -sanierungsplänen.

Aufklärungsmaßnahmen sind im Bereich der Lärmbekämpfung von besonderer Bedeutung, weil häufig schon durch einfache Verhaltensänderungen, z.B. beim Betrieb von Kraftfahrzeugen, Haushalts- oder Arbeitsgeräten, spürbare Lärmminderungen erreicht werden können (siehe auch Tips zur Lärmbekämpfung).

Am wirkungsvollsten und meist auch am kostengünstigsten ist die Lärmbekämpfung an der Lärmquelle; sie sollte deshalb auch grundsätzlich Vorrang vor allen anderen Maßnahmen haben. In unserer Industriegesellschaft ist ein wirkungsvoller Lärmschutz oft nur durch den Einsatz des gesamten verfügbaren Maßnahmespektrums zu erreichen.

4.2. Die Maßnahmen der Bundesregierung

4.2.1. Programme und Gesetze

In der Bundesrepublik Deutschland konzentrierte sich die Lärmbekämpfung lange Zeit fast nur auf industrielle und gewerbliche Anlagen sowie auf den Baulärm, dabei sind beachtliche Erfolge erzielt worden. Seit Beginn der 70er Jahre bildet die Verkehrslärmbekämpfung einen Schwerpunkt in der Umweltpolitik der Bundesregierung. Diese hat ihre Vorstellungen zur Lärmbekämpfung erstmals im „Umweltprogramm der Bundesregierung" von 1971 umfassend dargestellt. Der Aufbau der Lärm-Grundlagenforschung, die Entwicklung einheitlicher Meß- und Überwachungsverfahren sowie die Förderung lärmarmer Techniken wurden darin als Schwerpunkte genannt. Zunächst galt es jedoch, die Rechtsgrundlagen für eine wirksame Lärmbekämpfung zu verbessern. Dies erfolgte vor allem durch

- das Gesetz zum Schutz gegen Fluglärm vom 30. März 1971.
- das 30. Gesetz zur Änderung des Grundgesetzes vom 12. April 1972, durch das dem Bund die konkurrierende Gesetzgebungszuständigkeit u.a. für die Lärmbekämpfung übertragen wurde,
- das „Gesetz zum Schutz vor schädlichen Umwelteinwirkungen durch Luftverunreinigungen, Geräusche, Erschütterungen und ähnliche Vorgänge" (Bundes-Immissionsschutzgesetz) vom 15.3.1974

Das **Bundes-Immissionsschutzgesetz** (BImSchG) von 1974 und die darauf gestützten Rechtsverordnungen und Verwaltungsvorschriften bilden das zentrale bundeseinheitliche Vorschriftensystem u.a. auch zur Lärmbekämpfung. Das BImSchG stellt zur Durchführung seiner Ziele ein vielfältiges Instrumentarium zur Verfügung, das von Bestimmungen über das Genehmigungsverfahren für umweltgefährdende Anlagen über

Qualitätsnormen für Stoffe, Produkte und Fahrzeuge bis zu Vorschriften für die Bestellung eines betrieblichen Immissionsschutzbeauftragten reicht. Dabei unterscheidet das Gesetz systematisch zwischen dem anlagenbezogenen, produktbezogenen und dem gebietsbezogenen Immissionsschutz. Das BImSchG verlangt nicht nur Maßnahmen zum Schutz gegen schädliche Umwelteinwirkungen, sondern will bereits deren Entstehung vorbeugen. Im Rahmen des Vorsorgeprinzips müssen vor allem die dem „Stand der Technik" entsprechenden Möglichkeiten zur Begrenzung und Verminderung von Emissionen ausgeschöpft werden.

Mit dem Bundes-Immissionsschutzgesetz von 1974 wurden die Anforderungen an den Verkehrslärmschutz wesentlich erhöht. So muß beim Bau oder der wesentlichen Änderung öffentlicher Straßen, Eisenbahnen und Straßenbahnen sichergestellt werden, daß keine schädlichen Umwelteinwirkungen durch Verkehrsgeräusche hervorgerufen werden, die nach dem Stand der Technik vermeidbar sind. Das Bundes-Immissionsschutzgesetz ermächtigt die Bundesregierung, diesen Schutzanspruch durch die Festsetzung von Immissionsgrenzwerten in einer Rechtsverordnung (Schallschutzverordnung) im einzelnen festzulegen. Diese Festlegung ist bisher nicht erfolgt. Versuche, den Verkehrslärmschutz in einem besonderen „Verkehrslärmschutzgesetz" zu regeln, sind fehlgeschlagen. Die Auslegung der Begriffe „Schädliche Umwelteinwirkungen" und „Stand der Technik" mußte daher den Gerichten überlassen werden. Bis zu einer allgemeingültigen rechtlichen Festlegung wird nach Immissionsgrenzwerten in Richtlinien des Bundesverkehrsministers und der Länder verfahren.

Um trotz dieser Rechtsunsicherheit einen gewissen Schallschutz an Straßen zu gewährleisten, hat der Bundesverkehrsminister „Richtlinien für den Verkehrslärmschutz an Bundesfernstraßen in der Baulast des Bundes" erlassen (1983). Diese Richtlinien enthalten Immissionsgrenzwerte sowohl für neue oder wesentlich geänderte als auch für bestehende Straßen. Ob hierdurch der vom Bundes-Immissionsschutzgesetz geforderte Lärmschutz erreicht wird, ist umstritten. Die Richtlinien der einzelnen Bundesländer weichen zum Teil erheblich von den Festlegungen des Bundesverkehrsministers ab (siehe Tabellen).

Festlegung der Immissionsgrenzwerte (IGW) an Straßen in den Bundesländern (Stand: Juli 1986)

		Lärmsanierung (IGW an bestehenden Straßen) bei:			
		Krankenhäusern, Schulen, Kurheimen, Altenheimen	reinen Wohngebieten, allgem. Wohngebieten, Kleinsiedlungsgebieten	Kerngebieten, Dorfgebieten, Mischgebieten	Gewerbegebieten
Land		Immissionsgrenzwerte Tag/Nacht (dB (A))			
Bayern	B	70/60	70/60	72/62	75/65
	L	70/60	70/60	72/62	75/75
Hessen	B	70/60	70/60	72/62	75/65
	L	70/60	70/60	75/65	75/65
Niedersachsen	B	70/60	70/60	72/62	75/65
	L	(keine Regelung)			
Rheinland/Pfalz	B	70/60	70/60	72/62	75/65
	L	70/60	70/60	72/62	75/65
Saarland	B	70/60	70/60	72/62	75/65
	L	(keine Regelung) *)			
Baden-Württemberg	B	70/60	70/60	72/62	75/65
	L	75/65*)	75/65*)	75/65*)	75/65
Schleswig-Holstein	B	70/60	70/60	72/62	75/65
	L	75/65*)	75/65*)	75/65*)	75/65
Nordrhein-Westfalen	B	70/60	70/60	72/62	75/65
	L	70/60	70/60	70/60	70/60
Berlin	B	70/60	70/60	72/62	75/65
	L	(keine Regelung)			
Hamburg	B	70/60	70/60	72/62	75/65
	L	(keine Regelung)			
Bremen	B	70/60	70/60	72/62	75/65
	L	(keine Regelung)			

*) Übernahme der B-Werte für 1986 beabsichtigt
B = Bundesfernstraßen in der Baulast des Bundes
L = Landesstraßen

Festlegung der Immissionsgrenzwerte (IGW) an Straßen in den Bundesländern (Stand: Juli 1986)

		Lärmvorsorge (IGW an neuen bzw. wesentlich geänderten Straßen) bei:			
		Krankenhäusern, Schulen, Kurheimen, Altenheimen	reinen Wohngebieten, allgem. Wohngebieten, Kleinsiedlungsgebieten	Kerngebieten, Dorfgebieten, Mischgebieten	Gewerbegebieten
Land		Immissiongrenzwert Tag/Nacht (dB (A))			
Bayern	B	60/50	62/52	67/57	72/62
	L	60/50	62/52	67/57	72/62
Hessen	B	60/50	62/52	67/57	72/62
	L	60/50	60/50	65/55	70/60
Niedersachsen	B	60/50	62/52	67/57	72/62
	L	60/50	62/52	67/57	72/62
Rheinland/Pfalz	B	60/50	62/52	67/57	72/62
	L	60/50	62/52	67/57	72/62
Saarland	B	60/50	62/52	67/57	72/62
	L	60/50	62/52	67/57	72/62
Baden-Württemberg	B	60/50	60/50*)	65/55*)	72/62
	L	60/50	60/50*)	65/55*)	72/62
Schleswig-Holstein	B	60/50	62/52	67/57	72/62
	L	60/50	62/52	67/57	72/62
Nordrhein-Westfalen	B	60/50	62/52	67/57	72/62
	L	55/45	55/45	60/50	65/55
Berlin	B	60/50	62/52	67/57	72/62
	L	(keine Regelung)			
Hamburg	B	60/50	62/52	67/57	72/62
	L	–	65/55	70/60	75/65
Bremen	B	60/50	62/52	67/57	72/62
	L	(keine Regelung)			

*) Für nicht lärmvorbelastete Gebiete; ansonsten gelten um 2 dB (A) höhere Grenzwerte

B = Bundesfernstraßen in der Baulast des Bundes L = Landesstraßen

Die Ziele des Umweltprogrammes von 1971 wurden im „Umweltbericht '76" der Bundesregierung bekräftigt und fortgeschrieben. Dabei wurde die Notwendigkeit einer vorrangigen Bekämpfung des Verkehrslärmes nochmals hervorgehoben. Im Februar 1977 hat der Bundesminister des Innern eine **„Projektgruppe Lärmbekämpfung"** gebildet. Auf der Grundlage der in 18 Arbeitskreisen erarbeiteten Ergebnisse der Projektgruppe sowie des Umweltgutachtens 1978 des Sachverständigenrates für Umweltfragen wurde im Oktober 1978 ein **„Aktionsprogramm Lärmbekämpfung"** vorgelegt. Dem Aktionsprogramm liegen vor allem folgende Leitgedanken zugrunde:

- der Lärm soll möglichst bereits bei seiner Entstehung, also an der Quelle, bekämpft werden;
- durch eine sachgerechte Umweltplanung sollen Lärmbelästigungen möglichst von vornherein verhindert werden;
- marktwirtschaftliche Kräfte sollen für die Lärmminderung genutzt werden;
- der administrative Aufwand soll so gering wie möglich gehalten werden.

Die Programmpunkte des „Aktionsprogramms Lärmbekämpfung" konnten inzwischen im wesentlichen erfolgreich bearbeitet werden. 1985 hat der Bundesminister des Innern eine neue Projektgruppe, die sich mit Fragen des Gewerbelärms befaßt, gegründet.

4.2.2. Wirtschaftliche Maßnahmen

Die Kosten des Lärmschutzes sind entsprechend dem Verursacherprinzip in der Umweltpolitik grundsätzlich vom Verursacher zu tragen. Die Aufwendungen des Bundes zur Lärmvorsorge und Lärmsanierung im Straßenbau lagen 1982 bei etwa 180 Mio. DM. Der Verursachergrundsatz schließt in Ausnahmefällen die Bereitstellung finanzieller Mittel, die Anreize für umweltfreundliche Investitionen bieten sollen, nicht aus.

Solche Fördermaßnahmen liegen z.B. in der Möglichkeit von Sonderabschreibungen für Umweltschutzinvestitionen nach § 7b des Einkommensteuergesetzes (EStG), in zinsverbilligten Krediten und Darlehnsbürgschaften über das ERP-

Sondervermögen für bestimmte Branchen und in Maßnahmen zur Verbesserung des Schallschutzes nach dem Wohnungsmodernisierungs- und Energieeinsparungsgesetz vom Juli 1978. Im Jahr 1982 wurden z.B. Lärmschutzinvestitionen von 166 Mio. DM nach § 7b EStG steuerlich begünstigt.

Eine große Bedeutung haben auch die Aufwendungen für die Förderung von Forschungs- und Entwicklungsvorhaben zur Lärmbekämpfung. Die von Bund und Ländern bereitgestellten Mittel für die Lärmforschung betragen zwischen 25 und 30 Mio. DM pro Jahr.

4.3. Maßnahmen der Länder und Gemeinden

In den Bundesländern sind zahlreiche Erlasse zur Durchführung des Bundes-Immissionsschutzgesetzes (BImSchG) bzw. immissionschutzrechtlichen Genehmigungsverfahren ergangen. Zur Anwendung der „Technischen Anleitung zum Schutz gegen Lärm" (allg. Verwaltungsvorschrift zum BImSchG) bestehen z.B. Erlasse in Hessen, Niedersachsen, Nordrhein-Westfalen, Rheinland-Pfalz und im Saarland. Weitere Erlasse in den Ländern befassen sich mit dem Lärm von Baumaschinen und Schießanlagen. Auch die Rasenmäherverordnung (8. Durchführungsverordnung zum BImSchG) läßt weitergehende Schutzbestimmungen zum Schutz der Mittags- und Nachtruhe sowie zum Schutz von Sonn- und Feiertagen durch die Länder zu. In Hamburg ist z.B. das Rasenmähen mit Motorrasenmähern in der Mittagszeit verboten.

Einige Länder haben auch Verordnungen zum Schutz der Erholungsfunktion ihrer Gewässer vor dem Motorbootlärm erlassen. In Berlin ist der Betrieb von Motorbooten zeitlich begrenzt, in Bayern sind auf der Grundlage eines Wassergesetzes private Motorboote nur auf den drei größten Seen und auch dort nur in beschränktem Umfang zugelassen.

Mehrere Bundesländer fördern auch im Rahmen von Sonderprogrammen die Errichtung, Erweiterung oder Verbesserung von Anlagen zur Verhinderung und Verminderung von Lärmemissionen. Als Finanzierungshilfen können zinsgünstige Kredite, Zinszuschüsse und Investitionszuschüsse gewährt werden. In Nordrhein-Westfalen z.B. wurden im Jahr

1979 für Maßnahmen zur Lärmbekämpfung knapp 5 Millionen DM an Krediten und rund 2,5 Millionen DM an Investionszuschüssen gewährt.

Von großer Bedeutung sind auch die Schallschutzfensterprogramme der Städte, durch die vor allem die vom Verkehrslärm besonders stark betroffenen Bevölkerung entlang der Hauptverkehrsstraßen entlastet werden soll. Inzwischen führen mehr als 50% aller Städte über 50 000 Einwohner solche Programme durch.

Im Rahmen der Schallschutzfensterprogramme gewähren die Städte Zuschüsse zum Einbau von Schallschutzfenstern und -türen in Wohn- und Arbeitsräumen. Die Zuschüsse betragen in der Regel bis zu 75% des Kostenaufwandes. Die Zuschüsse dürfen jedoch bestimmte Höchstsätze für Einzelbauteile sowie Montage- und Nebenarbeiten nicht überschreiten. Durchschnittlich wurden pro Wohnung etwa 4000 DM aufgewendet. Die bereitgestellten Haushaltsmittel werden bei unbürokratischer Abwicklung der Programme meist voll in Anspruch genommen.

Länder und Gemeinden sind darüber hinaus durch eine Vielzahl weiterer Maßnahmen in der Lärmbekämpfung engagiert: dazu zählen z.B. der Bau von Lärmschutzwänden und -wällen, die Asphaltierung stark befahrener Straßen, die Schaffung verkehrsberuhigter Bereiche und von Fußgängerzonen, Geschwindigkeitsbeschränkungen, „Grüne Wellen“, die Abschaltung von Ampelanlagen während der Nachtzeit usw. Auch die Aufklärung der Bevölkerung über Möglichkeiten der Lärmvermeidung und -bekämpfung wird von Ländern und Gemeinden mit Nachdruck betrieben. Einige Kommunen fördern den Einsatz lärmarmer Fahrzeuge, indem sie selbst nur noch lärmarme Kommunalfahrzeuge beschaffen wollen und anderen Betreibern lärmarmer Kraftfahrzeuge Benutzervorteile einräumen.

4.4. Die Aufwendungen der Industrie

Zwischen 1975 und 1977 investierte die Industrie pro Jahr rund 210 Millionen DM in den Lärmschutz, das entsprach etwa 9% der gesamten Umweltschutzinvestionen, aber nur knapp 0,4% der gesamten Anlageinvestitionen der Industrie.

Für den Zeitraum von 1977 bis 1981 liegt eine Kostenschätzung des Battelle-Instituts vor. Danach wurden in diesem Zeitraum rund 1,5 Milliarden DM für den Lärmschutz investiert, das sind im Jahresdurchschnitt etwa 300 Millionen DM. Etwa 60% dieser Investitionen sind für Betriebskosten aufgewendet worden.

Industrieunternehmen und Wirtschaftsverbände beteiligen sich darüber hinaus in beträchtlichem Umfang an der Förderung von Forschung und Entwicklung zur Lärmbekämpfung; über 40 Millionen DM wurden dafür zwischen 1976 und 1980 zur Verfügung gestellt.

4.5. Zuständigkeiten bei der Lärmbekämpfung

Die Lärmbekämpfung steht meist in einem engen Zusammenhang mit anderen Verwaltungsaufgaben der Länder und Kommunen. Deshalb sind die behördlichen Zuständigkeiten unterschiedlich geregelt. Vereinfacht kann man sagen, daß

- die Gewerbeaufsichtsbehörden für die Lärmbekämpfung im gewerblichen Bereich
- die Bergbehörden im bergbaulichen Bereich
- die Verkehrsbehörden (Straßenverkehrsämter und andere) und die Polizei (Straßenverkehrsüberwachung) im Verkehrsbereich und
- die allgemeinen Ordnungsbehörden, einschließlich der Bauaufsichtsbehörden, im Bereich sonstiger Lärmquellen (z.B. von Gaststätten)

zuständig sind.

5. Schwerpunkte der Lärmbekämpfung

5.1. Straßenverkehrslärm

5.1.1. Gesetzliche Grundlagen

Bisher wurde die Bekämpfung des Verkehrslärms durch Fortschreibung bzw. Neufassung bereits vorhandener Vorschriften wie z.B. des Straßenverkehrsgesetzes (StVG) und der dazu gehörenden Verordnungen (Straßenverkehrs-Ordnung und Straßenverkehrs-Zulassungs-Ordnung) durchgeführt. So schreibt z.B. der § 49 der Straßenverkehrs-Zulassungs-Ordnung vor, daß die Geräuschentwicklung der Kraftfahrzeuge das nach dem jeweiligen Stand der Technik unvermeidbare Maß nicht übersteigen darf. Die einheitliche Anwendung dieses Paragraphen wird durch Richtlinien für die Geräuschmessung an Kraftfahrzeugen erreicht, die auch die Grenzwerte der Europäischen Gemeinschaften für die Behörden verbindlich machen.

Die Bundesregierung hat sich inzwischen mit Erfolg dafür eingesetzt, daß innerhalb der Europäischen Gemeinschaften deutlich geringere Geräuschgrenzwerte für PKW, LKW und Busse festgesetzt wurden. So werden zum Beispiel künftig erst zehn moderne LKW soviel Krach machen wie ein einziges heutiges Serienfahrzeug. Weiterhin hat die Bundesregierung Kriterien für „lärmarme Kraftfahrzeuge" in die Straßenverkehrs-Zulassungs-Ordnung (StVZO) aufgenommen. Fahrzeugen, die diese Kriterien erfüllen, können in bestimmten, lärmempfindlichen Gebieten Benutzungsvorteile eingeräumt werden.

Ein spezifisches Lärmproblem ergibt sich durch die motorisierten Zweiräder.

Die nationalen Geräuschwerte für Krafträder wurden aufgrund der EG-Richtlinie 78/1015/EWG vom 23. 11. 1978 mit Wirkung vom 1. 10. 1980 durch EG-einheitliche Werte ersetzt.

Durch eine vom **Bundesminister für Verkehr** veröffentlichte Änderung der Richtlinien für die Geräuschmessungen an Kraftfahrzeugen (StV 14/36.25.55.00 v. 7. 11. 1980) werden die EG-Grenzwerte zum **Stand der Technik** erklärt und damit die alten von 1966 stammenden nationalen Grenzwerte aufgehoben. Ebenfalls werden hier für geschwindigkeitsbegrenzte **Zweiräder**, die bisher nicht im EG-Bereich geregelt waren, folgende Grenzwerte festgelegt:

Mofa (25 km/h)	70 dB (A)
Moped, Mokick (50 km/h)	72 dB (A)
Leichtkraftrad (80 km/h)	75 dB (A)

Gleichzeitig wird der sogenannte „**Nahfeldmeßwert**" des **Auspuffgeräuschs** des Neufahrzeugs eingeführt. Dieses wird die Kontrolle defekter oder manipulierter Auspuffanlagen künftig erleichtern.

Für die Überprüfung geschwindigkeitsbegrenzter motorisierter Zweiräder wurde im Auftrag des Umweltbundesamtes ein mobiler Prüfstand entwickelt!

Maßnahmen zur Emissionsbegrenzung reichen allein jedoch nicht aus, um den Verkehrslärm wirksam zu bekämpfen. So muß auch dem Fahrverhalten der Autofahrer besondere Aufmerksamkeit geschenkt werden. Nach § 30 der Straßenverkehrs-Ordnung ist z.B. unnötiges Lärmen bei der Benutzung von Kraftfahrzeugen verboten. Insbesondere ist verboten, Fahrzeugmotoren unnötig laufen zu lassen oder innerhalb geschlossener Ortschaften unnötig hin und her zu fahren. Auch planerische Maßnahmen spielen bei der Verkehrslärmbekämpfung eine besondere Rolle. Erfolgreich haben sich z.B. verkehrslenkende Maßnahmen wie die Bündelung des Verkehrs oder die Einrichtung „grüner Wellen" erwiesen. Auch verkehrsbeschränkende Maßnahmen (auf der Grundlage der Straßenverkehrsordnung) haben zur Lärmminderung beigetragen, z.B. durch

- das Fahrverbot für LKW an Sonn- und Feiertagen
- Geschwindigkeitsbeschränkungen in Wohngebieten
- die Einschränkung der Straßenbenutzung zum Schutz der Nachtruhe.

Nach einer Änderung der Straßenverkehrsordnung besteht seit dem 1. August 1980 für die Straßenverkehrsbehörden die Möglichkeit, die Benutzung bestimmter Straßen oder Straßenstrecken zum Schutz der Anwohner vor Lärm zu beschränken oder zu verbieten. Solche Maßnahmen in Verbindung mit Maßnahmen der Verkehrsberuhigung bieten den Bürgern mehr Schutz vor unzumutbarem Straßenverkehrslärm.

Auch durch Geschwindigkeitsbegrenzungen lassen sich Lärmbelastungen verringern. Dieses gilt sowohl für den Straßenverkehr in Wohngebieten (z.B. „Tempo 30") als auch auf Bundesautobahnen (z.B. „Tempo 80" in der Nähe von Wohngebieten).

5.1.2. Forschung und Entwicklung für leise Fahrzeuge

Die Förderung von Forschungs- und Entwicklungsvorhaben zur Minderung des Kraftfahrzeuglärms bildet einen Schwerpunkt in der Umweltforschungspolitik der Bundesregierung und den Aktivitäten des Umweltbundesamtes. Eindeutige Priorität hat dabei die Lärmbekämpfung an der Quelle. Diese erschöpft sich jedoch nicht nur in technisch-konstruktiven Maßnahmen am Fahrzeug selbst, sondern muß auch alle Minderungsmöglichkeiten einschließen, die durch eine lärmarme Betriebsweise des Fahrzeuges gegeben sind. Dabei gilt es, sowohl den Einfluß verschiedener Fahrweisen auf die Geräuschemissionen zu erkennen, als auch die Zusammenhänge zwischen verkehrsregelnden und verkehrslenkenden Maßnahmen und den daraus notwendigerweise folgenden Betriebsweisen und Lärmemissionen der Fahrzeuge zu durchleuchten.

Im wesentlichen sind es drei Quellen, die die Lärmemissionen von Kraftfahrzeugen verursachen:

- der Motor,
- die Ansaug- und Auspuffgeräusche,
- das Reifen-, Fahrbahn- oder Rollgeräusch.

Als wichtigste Geräuschquelle gilt beim Lastkraftwagen bis zu einer Geschwindigkeit von etwa 80 km/h der Motor, darüber gewinnt auch das Rollgeräusch an Bedeutung. Bei Personenkraftwagen wird schon ab 40 km/h das Rollgeräusch zum mitentscheidenden und ab 60 km/h zum wesentlichen Faktor.

Umfangreiche Untersuchungen über die von Kraftfahrzeugen ausgehenden Lärmemissionen im Stadtverkehr haben ergeben, daß Lastkraftwagen hier die lautesten Lärmquellen sind. Erste Aufgabe der Verkehrslärmbekämpfung muß daher die Minderung der LKW-Geräusche sein. Dies gilt um so mehr, wenn man lärmbelastete Gebiete sanieren will, weil hohe Belastungen vor allem dort auftreten, wo die Straßen einen hohen LKW-Anteil aufweisen.

Lärmminderungen am Fahrzeug selbst lassen sich erreichen durch Verbesserung des Abgasschalldämpfers und des Ansauggeräuschsystems, durch Drehzahlabsenkung mit Hilfe einer

„milden" Turboaufladung, durch Einbau abschaltbarer Ventilatoren, schallabsorbierender Auskleidung des Motorraumes und automatischer Getriebe – und insbesondere durch Kapselung von Motor und Getriebe. Die technische Entwicklung am Kraftfahrzeug hat in den letzten Jahren allerding nicht zu einer deutlichen Verminderung der Geräuschemissionen geführt.

Dank der guten Zusammenarbeit zwischen der deutschen LKW-Industrie und dem Umweltbundesamt konnten inzwischen technische Lösungen für LKW erarbeitet werden, welche bezüglich ihrer Geräuschemission mit PKW vergleichbar sind. Am 13. Mai 1980 wurde durch Staatssekretär Dr. Hartkopf vom Bundesministerium des Innern der erste serienreife „lärmarme LKW" der Öffentlichkeit vorgestellt. Der Geräuschwert des Fahrzeuges im Typzulassungsverfahren konnte von 90 dB(A) auf 77 dB(A) gesenkt werden. Dies bedeutet, daß 20 lärmarme LKW zusammen den gleichen Lärm erzeugen wie ein heutiges Serienprodukt. Wichtiger als Zahlenwerte ist die subjektiv empfundene Lärmminderung im Hörvergleich, die sicherstellen muß, daß die neue Generation lärmarmer LKW nichts mehr von dem lästigen Dieselgeräusch heutiger LKW erkennen läßt. Diese Aufgabe wurde durch eine völlige Kapselung von Motor und Getriebe erreicht. Die Kapsel wird durch Abkippen des Fahrerhauses geöffnet, so daß die notwendigen Wartungsarbeiten leicht durchgeführt werden können.

50 LKW dieses neuen Konzepts wurden bereits an die Deutsche Bundespost ausgeliefert, womit der erste Schritt getan ist, daß die Früchte der Forschungsarbeiten auch dem Bürger zugute kommen.

Die Forschungsvorhaben des Umweltbundesamtes nehmen sich auch der schwersten Kategorie von LKW an. Die Arbeiten an einem 16 t-192 PS-LKW für den Fernverkehr sowie an weiteren schweren LKW sind inzwischen mit positiven Ergebnissen abgeschlossen. Die Bundesregierung hat diese Ergebnisse in ihre Verhandlungen mit den anderen Partnern der EG eingebracht.

Bei den PKWs kommt es vor allem darauf an, die Lärmspitzenpegel zu vermindern. Um dies zu erreichen, wurde beim VW-Golf der Motorraum mit schallschluckendem Material verkleidet und durch ein Bodenblech geschlossen. Dadurch konnte der Geräuschwert des Serienfahrzeuges von gegen-

Lärmarmer LKW: Zugänglichkeit des Motors bei abgekipptem Fahrerhaus

wärtig 79 bis 80 dB (A) auf 73 dB (A) abgesenkt werden. Im Mittel bleiben von diesen Erfolgen im normalen Stadtverkehr zwar nur Verbesserungen von 2 bis 3 dB (A) übrig – vor allem, weil die Reifengeräusche nicht vermindert wurden – die

Spitzenpegel, die sich z.B. beim Ausfahren des 1. Ganges ergeben, werden dagegen um 10 dB (A) gemindert!

Besonders wichtig sind Motorkapseln für PKW mit Dieselmotoren wegen der dort auftretenden hohen Leerlaufgeräusche und des lästigen „Kaltstartnagelns". Einige Hersteller bieten bereits solche Motorkapseln serienmäßig an.

Ohne neue Technologie lassen sich hohe Spitzenpegel vermeiden, wenn der Fahrer auf hohe Motordrehzahlen verzichtet. Lärmarm fahren heißt: mit möglichst niedrigen Drehzahlen fahren, möglichst früh in hohe Gänge schalten. Lärmarme und energiesparende Fahrweisen sind identisch. Alle Appelle zur Kraftstoffeinsparung kommen auch der Lärmminderung zugute. So konnte am Beispiel eines Mercedes 250 gezeigt werden, daß ein „sportlich wilder" Fahrer im Mittel 8 dB (A) lauter als ein „lärmarmer" Fahrer fährt und für sein lärmendes Verhalten 78 % mehr Benzin als der leise Fahrer vergeudet. Diese Zusammenhänge zwischen Kraftstoffverbrauch, Lärm und Fahrweise werden zur Zeit intensiv quantitativ ermittelt. Man kann davon ausgehen, daß bei anderen PKW-Typen noch krassere Verhältnisse vorliegen.

Besonders lästig wird von der Bevölkerung der Lärm hochtourig betriebener Kleinkrafträder empfunden. Diese Fahrzeuge sind dadurch bestimmt, daß zwar der Hubraum, nicht aber die Höchstgeschwindigkeit oder die Motordrehzahl begrenzt sind. Dieses hat dazu beigetragen, daß Kleinkrafträder vom Hersteller auf hochtourige Betriebsweise ausgelegt wurden und vom – meist jugendlichen – Betreiber auch im Alltag entsprechend benutzt werden.

Der **Bundesminister des Innern** hat sich daher dafür eingesetzt, daß die entsprechenden Bestimmungen der Straßenverkehrs-Zulassungsordnung geändert wurden, so daß seit 1981 **Leichtkrafträder** mit einem höheren Hubraum von bis zu 80 cm^3, jedoch mit Begrenzung der Höchstgeschwindigkeit auf dem Markt angeboten werden. Darüber hinaus sind im Auftrag des Bundesministers des Innern vom Umweltbundesamt Forschungs- und Entwicklungsaufträge durchgeführt worden, die optimale Konstruktionsdaten für ein lärmarmes Leichtkraftrad erbringen sollen.

Die neuen Leichtkrafträder mit 80 cm^3 sind etwa 3 dB (A) leiser als die bisherigen Kleinkrafträder, die nur noch bis Ende 1983 zugelassen waren.

5.1.3. Weniger Lärm durch umweltgerechte Verkehrsplanung

Durch umweltgerechte Verkehrsplanung können unter Umständen ohne großen finanziellen Aufwand beträchtliche Verbesserungen für die vom Verkehrslärm betroffene Bevölkerung erreicht werden. Solche Maßnahmen der Planung zielen im wesentlichen auf

- die Verringerung „vermeidbarer" Autofahrten,
- die Verlagerung des individuellen Kraftfahrzeugverkehrs auf umweltschonende Verkehrsarten wie den Öffentlichen Personennahverkehr, den Fahrrad- und den Fußgängerverkehr.
- die verstärkte Entlastung von Wohn- und Erholungsgebieten.

Eine der wirkungsvollsten Maßnahmen zur Verringerung des Verkehrslärms in Wohnstraßen und zur Verbesserung des Wohnumfeldes stellt die „**Verkehrsberuhigung**" dar.

Durch Maßnahmen der Verkehrsberuhigung kann die durchschnittliche Geräuschbelastung um bis zu 11 dB (A) verringert werden.

Wichtiger als die Reduzierung der meßbaren Geräuschbelastung ist die Verringerung der subjektiven Lärmbelästigung; diese ist bei Verkehrsberuhigungsmaßnahmen meistens größer, als aufgrund der Messungen zu erwarten wäre.

Um die positiven Effekte verkehrsberuhigender Maßnahmen zu erhöhen und die Verlagerung von Verkehrsproblemen in andere Gebiete zu verhindern sollte die Verkehrsberuhigung nicht punktuell an einzelnen Straßen sondern stets flächenhaft für größere Stadtgebiete durchgeführt werden.

Um die Möglichkeiten und Grenzen einer solchen „flächenhaften Verkehrsberuhigung" zu untersuchen, wird zur Zeit ein gemeinsames Forschungsprogramm des Bundesbauministers, des Bundesverkehrsministers und des Bundesumweltministers in sechs Gemeinden der Bundesrepublik Deutschland (Berlin, Borgentreich, Buxtehude, Esslingen, Ingolstadt, Mainz) durchgeführt.

Erste Zwischenergebnisse dieser Untersuchungen zeigen, daß durch die „Flächenhafte Verkehrsberuhigung“ die Verkehrssicherheit erhöht, die Lärm- und Schadstoffemissionen vermindert und die ökologische Situation insgesamt verbessert werden.

Andere Möglichkeiten der Lärmbekämpfung im Rahmen der Verkehrsplanung sind der Ausbau des Radwegenetzes, die Verbesserung des Öffentlichen Personen-Nahverkehrs sowie verkehrslenkende und verkehrsregelnde Maßnahmen.

5.2. Schienen und Wasserverkehrslärm

Zur Begrenzung der Geräuschemissionen von Schienenfahrzeugen der Eisenbahn und Straßenbahn wird zur Zeit vom Bundesminister für Umwelt, Naturschutz und Reaktorsicherheit und dem Bundesminister für Verkehr eine Verordnung nach § 38 BImschG vorbereitet, die den zuständigen Gremien der Europäischen Gemeinschaften zur Beratung vorliegt. Dabei wird sich der Bundesminister für Umwelt, Naturschutz und Reaktorsicherheit besonders dafür einsetzen, daß durch entsprechende Grenzwertbestimmungen beim Bau neuer, schnellerer Schienenfahrzeuge von vornherein ein optimaler Lärmschutz vorgesehen werden muß.

Technisch kann Schienenverkehrslärm vor allem durch den Ersatz von Klotzbremsen durch Scheibenbremsen, die Ausrüstung der Räder mit Schwingungsabsorbern und einer Verbesserung des Schienenzustandes (z.B. durch Schleifen) bekämpft werden. Auch das besonders lästige Quietschgeräusch bei Kurvenfahrten von Nahverkehrsbahnen kann durch Bedämpfung der Räder mit Schwingungsabsorbern nahezu völlig unterbunden werden.

Für Bundeswasserstraßen bestehen bisher keine Regelungen auf der Grundlage des BImschG. Nach bisherigen Beobachtungen werden auch relativ wenige Bürger durch den von Schiffen der Berufsschiffahrt ausgehenden verursachten Lärm belästigt.

Anders sieht es jedoch im Bereich des **Sport- und Freizeitschiffahrt** aus, von der besonders in Erholungsgebieten zum

Teil erhebliche Belästigungen ausgehen. Dies liegt zum Teil auch daran, daß es in der Bundesrepublik Deutschland für die in der Freizeitschiffahrt üblicherweise verwendeten Bootsklassen noch keine Vorschriften bezüglich der Lärmemissionen gibt.

5.3. Fluglärm

5.3.1. Gesetzliche und planerische Maßnahmen

Wichtigste Rechtsgrundlage für die bundeseinheitlichen Maßnahmen zum Schutz der Bevölkerung vor Fluglärm ist das im Jahre 1971 verabschiedete **Fluglärmgesetz**. Dieses sieht die Schaffung von **Lärmschutzbereichen** für alle Verkehrsflughäfen mit Fluglinienverkehr und für alle Militärflugplätze mit Verkehr von Strahlflugzeugen vor. Die einzelnen Lärmschutzbereiche gliedern sich in zwei Schutzzonen. Eigentümer von in der Schutzzone 1 gelegenen Wohnungen und schutzbedürftige Einrichtungen wie Schulen, Krankenhäuser u.a. haben die Möglichkeit, sich mit baulichen Maßnahmen auf Kosten des Flugplatzhalters gegen den Fluglärm zu schützen. In der Schutzzone 2 dürfen Wohngebäude nur dann errichtet werden, wenn entsprechende Schallschutzmaßnahmen bereits vorgesehen werden. Der Bau von besonders lärmempfindlichen Einrichtungen wie z.B. Schulen oder Krankenhäuser ist in beiden Zonen verboten.

Seit 1974 sind für 10 große Verkehrsflughäfen und für 35 militärische Flugplätze, die unter den Geltungsbereich des Gesetzes zum Schutz gegen Fluglärm fallen, Lärmschutzbereiche festgelegt worden. Im Rahmen der nach fünf Jahren durchzuführenden Überprüfung der festgesetzen Lärmschutzbereiche wurde jeweils untersucht, ob eine Entlastung der Bevölkerung möglich ist. Bereits an 19 Flugplätzen konnte die Lärmbelastung verringert und der alte Lärmschutzbereich durch einen neuen mit geringerer Ausdehnung ersetzt werden.

Lärm entsteht auf den Flughäfen nicht nur bei den Starts und Landungen sondern auch z.B. bei Triebwerks-Probeläufen. Verkehrsflughäfen, die über größere Flugzeugwerften verfügen sind mit Lärmschutzeinrichtungen für Probeläufe ausgestattet.

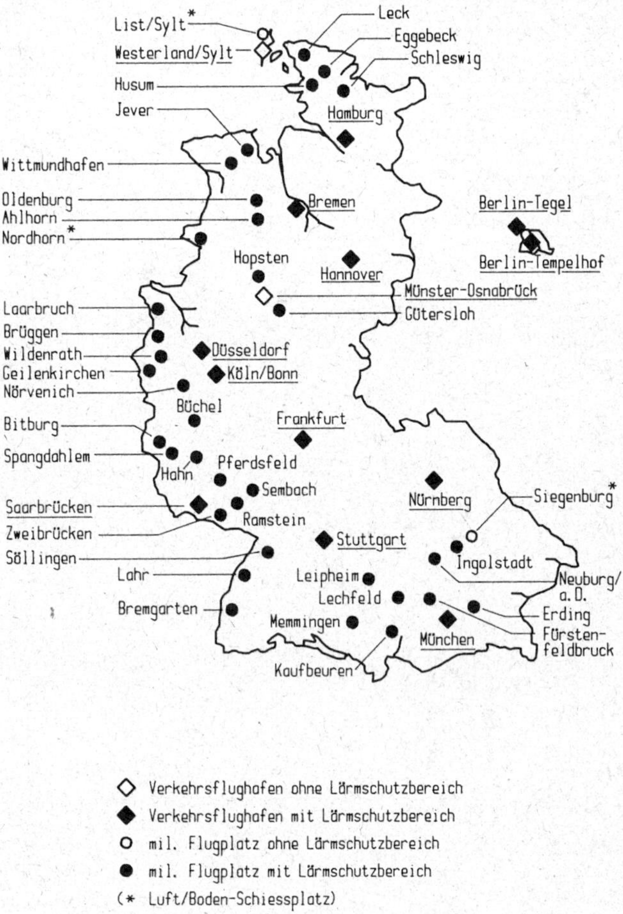

Stand der Durchführungen des Gesetzes zum Schutz gegen Fluglärm (31. 07. 1986)
Quelle: Umweltbundesamt

Zur Bekämpfung des Fluglärms an den Luftfahrzeugen hat der Bundesminister für Verkehr Regelungen über Lärmgrenzwerte getroffen. Darüber hinaus hat sich die Bundesregierung intensiv für das Zustandekommen einer Richtlinie der Europäischen Gemeinschaften eingesetzt, nach der ab 1987 in Europa nur noch leise Flugzeuge (entsprechend den Bestimmungen des Anhang 16 des ICAO-Abkommens) eingesetzt werden dürfen.

Zum Schutze der Bevölkerung sind zivile Flüge mit **Überschallgeschwindigkeit** über dem Gebiet der Bundesrepublik Deutschland grundsätzlich verboten.

Zum Schutz vor Lärmbeeinträchtigungen in der Freizeit sind Regelungen über die zeitliche Einschränkung des Flugbetriebs mit **Leichtflugzeugen** und **Motorseglern** an Landeplätzen mit größerer Verkehrsdichte getroffen worden, die den Betrieb morgens, zur Mittagsstunde und Abendzeit sowie an Sonn- und Feiertagen beschränken. Für besonders leise Luftfahrzeuge sind Benutzervorteile vorgesehen. So gelten die zeitlichen Einschränkungen nicht für Leichtflugzeuge und Motorsegler, die bestimmten erhöhten Schallschutzanforderungen genügen.

Auch die **Bundeswehr** hat zahlreiche Maßnahmen zur Verringerung des Fluglärms durch den militärischen Flugbetrieb eingeführt. Hierzu gehört die Verlagerung eines Teils der Übungsflüge aus dem Hoheitsgebiet der Bundesrepublik Deutschland, das Verbot des Überfliegens von Großstädten und bestimmten Kurorten, die Festlegung zeitlicher Beschränkungen für **Tiefflüge** und **Überschallflüge** sowie die Festlegung einer Mindesthöhe von 11 000 m für Überschallflüge. Darüber hinaus wurden auf 28 Flugplätzen der Bundesluftwaffe mit einem Kostenaufwand von insgesamt 182 Millionen DM Lärmschutzhallen errichtet. **Militärische Tiefflüge** stellen für die Bevölkerung in einigen Gebieten eine ganz erhebliche Lärmbelastung dar. Über dem Gebiet der Bundesrepublik werden jährlich ca. 100 000 Tiefflüge mit Kampfflugzeugen durchgeführt. Zwei Drittel der Fläche des Bundesgebietes werden für Tiefflüge in 150–450 m Flughöhe über Grund genutzt. In sieben besonderen Übungsgebieten dürfen die Flugzeuge auch in niedrigeren Höhen, hinab bis zu 75 m über dem Boden, fliegen. Bei diesen niedrigen Flughöhen treten besonders hohe

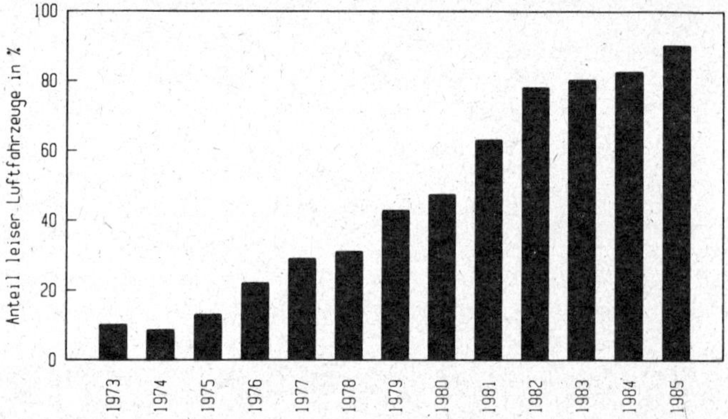

Anteil der Luftfahrzeuge mit ICAO-Annex 16-Zulassung an den gesamten gewerblichen Flugbewegungen mit Strahlflugzeugen über 20 t höchstzulässiger Startmasse an den Verkehrsflughäfen der Bundesrepublik Deutschland

Quelle: Umweltbundesamt nach Angaben der Arbeitsgemeinschaft Deutscher Verkehrsflughäfen (ADV)

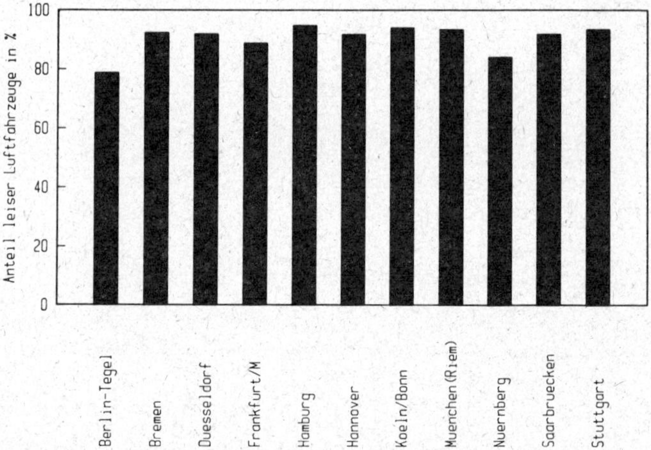

Anteil der Luftfahrzeuge mit ICAO-Annex 16-Zulassung an den gesamten gewerblichen Flugbewegungen mit Strahlflugzeugen über 20 t höchstzulässiger Startmasse im Jahr 1985

Quelle: Umweltbundesamt nach Angaben der Arbeitsgemeinschaft Deutscher Verkehrsflughäfen (ADV)

Lärmbelastungen auf. Die zuständigen militärischen Stellen sind intensiv darum bemüht, solche Belastungen soweit wie möglich einzuschränken. Betriebliche Beschränkungen werden auf freiwilliger Basis angewandt. Dazu gehört die Verlagerung von Teilen der fliegerischen Ausbildung ins Ausland, die verstärkte Nutzung des Luftraums über der Nord- und Ostsee, die Einführung tageszeitlicher Beschränkungen des Flugbetriebs (Mittagspause), die betrieblichen Beschränkungen des Nachttiefflugs und die Anweisung an die Piloten, Aspekte des Lärmschutzes bei der Übungsplanung stärker zu berücksichtigen.

Es darf aber nicht übersehen werden, daß diesen Bemühungen im Hinblick auf die Enge des Luftraumes über dem Gebiet der Bundesrepublik Deutschland, die dichte Bebauung und die hohe Geschwindigkeiten moderner Militärflugzeuge Grenzen gesetzt sind.

5.3.2. Technische und betriebliche Maßnahmen

Die Entwicklung leiserer Triebwerke für Strahlflugzeuge ist vor allem durch die Festlegung von Grenzwerten für die Lärmzulassung neuer Strahlflugzeuge vorangetrieben worden. Als erste Luftfahrtbehörde erließ die Bundesluftfahrtbehörde der USA mit Wirkung vom 1. 12. 1963 Emissionsgrenzwerte, die bei der Zulassung nicht überschritten werden dürfen. 1977 wurden diese Grenzwerte weiter herabgesetzt. In Anlehnung an die amerikanischen Vorschriften hat die internationale Zivilluftfahrtorganisation ICAO eigene Richtlinien und Empfehlungen für die Zulassung von Strahlflugzeugen ausgearbeitet und 1972 als „Annex 16“ zur Konvention der internationalen Zivilluftfahrt allen Mitgliedsländern zur Übernahme in die nationale Gesetzgebung empfohlen. Die mit lauten Einkreistriebwerken ausgerüsteten Strahlflugzeuge der ersten Generation wurden bereits Mitte der 60er Jahre durch Flugzeuge mit Zweikreis- bzw. Mantelstromtriebwerken ersetzt, die bei gleicher Triebwerksleistung erheblich weniger Lärm erzeugen. Durch konstruktive Maßnahmen, wie die Optimierung des Gebläses und die Auskleidung der Triebwerksteile mit schalldämpfenden Materialien, konnten „leise“ Triebwerke der dritten Generation entwickelt werden, deren Lärmemission um etwa 20 dB (A) kleiner ist als bei Einkreistriebwerken gleicher Leistung.

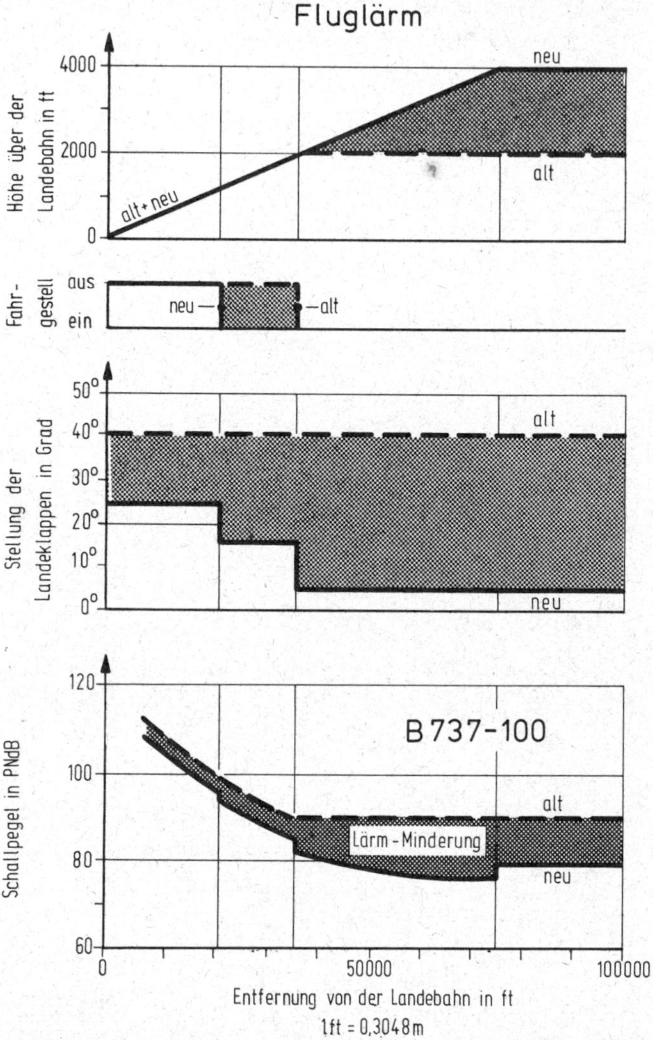

44 Lärmmindernde Landeverfahren „low drag – low power landing procedure“
Quelle: Umweltbundesamt

Heute werden über 84% der Start- bzw. Landevorgänge auf den Verkehrsflughäfen in der Bundesrepublik Deutschland mit Luftfahrzeugen der Annex 16-Zulassung („leisere Luftfahrzeuge") durchgeführt; solche Flugzeuge sind z.B. die Typen Airbus A 300 und A 310. Wegen des unterschiedlichen Verkehrsaufkommens ist der prozentuale Anteil der leiseren Flugzeuge an den Gesamtflugbewegungen auf den Verkehrsflughäfen der Bundesrepublik allerdings unterschiedlich; den mit Abstand geringsten Anteil verzeichnet Berlin-Tegel.

Neben der Konstruktion neuer Triebwerke konnte der Fluglärm auch durch die Entwicklung neuer, lärmmindernder Start- und Landeverfahren reduziert werden.

Auch die Einführung lärmabhängiger Landegebühren, die Festlegung günstigerer An- und Abflugstrecken sowie die Reduzierung von Nachtflügen haben zur Verringerung der vom Flugverkehr ausgehenden Belastungen geführt.

5.4. Industrie- und Gewerbelärm

5.4.1. Gesetzliche Vorschriften und planerische Maßnahmen

Das Bundes-Immissionsschutzgesetz (BImSchG) schreibt vor, daß die verschiedenen Flächennutzungen einander so zuzuordnen sind, daß schädliche Umwelteinwirkungen so weit wie möglich vermieden werden. Dies bedeutet, daß bereits bei der groben Ausweisung von Flächen in der Landes- und Bauleitplanung die möglichen Lärmemissionen künftiger Industrie- und Gewerbebetriebe berücksichtigt werden müssen. Dies geschieht insbesondere durch die Festsetzung ausreichender Abstände und eine sinnvolle Reihenfolge der verschiedenen Nutzungen (z.B. reines Wohngebiet, Mischgebiet, Gewerbegebiet, Industriegebiet), aber auch durch Einzelfestsetzungen (z.B. Maßnahmen an der Lärmquelle, Bau von Lärmschutzwällen).

Gewerbliche und andere Anlagen, von denen erfahrungsgemäß schädliche Umwelteinwirkungen ausgehen können, sind durch das BImSchG einer besonderen Verwaltungskontrolle unterworfen. Der Kreis der genehmigungsbedürftigen

Anlagen ist in der Verordnung über genehmigungsbedürftige Anlagen (4. BImSchV) festgelegt. Es wird hierbei zwischen förmlich und vereinfacht zu genehmigenden Anlagen unterschieden. Das Genehmigungsverfahren selbst wurde in einer 1977 erlassenen Verordnung (9. BImSchV) bundeseinheitlich gestaltet.

Die Anforderungen des BImSchG zur Vermeidung schädlicher Umwelteinwirkungen durch Lärm werden durch die „Technische Anleitung zum Schutz gegen Lärm (TA Lärm)" vom 16. 7. 1968 konkretisiert.

Diese Vorschriften haben dazu geführt, daß bei neuen Industrie- und Gewerbeanlagen kaum noch Klagen über unzumutbare Lärmbelästigungen auftreten. In gewachsenen Gebieten, in denen aufgrund früherer Planungsversäumnisse Industrie- und Wohnbereiche oft eng miteinander verflochten sind, kommt es jedoch vor, daß die festgesetzten Immissionswerte überschritten werden. Da die räumliche Nähe von Arbeitsplätzen und Wohnungen aber auch Vorteile hat (z.B. geringer Verkehrsbedarf), ist es in vielen Fällen sinnvoll, diese „Funktionsmischung" im wesentlichen beizubehalten und lediglich die störenden Betriebe zu verlagern.

Die enge Nachbarschaft zwischen lärmintensiven Betrieben und Wohnbebauung kann jedoch nur schrittweise entzerrt und saniert werden. Der Ersatz vorhandener Anlagen durch Neuanlagen, die dem inzwischen fortgeschrittenen Stand der Technik entsprechen, ist auch erst nach angemessener Nutzungszeit vertretbar.

Auch der Lärm am **Arbeitsplatz** ist entsprechenden Lärmvorschriften unterworfen. In der Verordnung über Arbeitsstätten wird vorgeschrieben, daß in Arbeitsräumen der Beurteilungspegel am Arbeitsplatz bei überwiegend geistiger Tätigkeit 55 dB (A), bei einfachen und überwiegend mechanisierten Bürotätigkeiten 70 dB (A) und bei allen sonstigen Tätigkeiten 85 dB (A) nicht überschreiten soll.

Dieser letzte Wert darf in Ausnahmefällen um bis zu 5 dB(A) überschritten werden. In vielen Fällen ist es bisher technisch nicht einmal möglich, diese 90 dB(A) einzuhalten. Dann muß nachgewiesen werden, daß der Arbeitgeber Maßnahmen ergriffen hat, die einen gleichartigen Schutz wie ein

Wert von 85 dB(A) bewirken, z.B. durch das Einhalten von Arbeitspausen ohne Lärm, die Bereitstellung von Gehörschutz usw.

Bei einem Lärmpegel ab 85 dB(A) soll Gehörschutz vom Arbeitgeber bereitgestellt werden, ab 90 dB(A) sind die Arbeitnehmer zum Tragen von Gehörschutz verpflichtet. Bereiche, in denen Lärmpegel von mehr als 90dB(A) herrschen, müssen gekennzeichnet werden. Arbeitnehmer, die in solchen Lärmbereichen beschäftigt sind, müssen sich regelmäßig einer ärztlichen Untersuchung unterziehen.

5.4.2. Technische Maßnahmen

Für den Bereich von Industrie und Gewerbe steht heute eine Vielzahl von Lärmminderungsmaßnahmen zur Verfügung.

Man unterscheidet auch hier zwischen Maßnahmen an der Quelle (z.B. das „lärmarme Konstruieren" oder das Kapseln der Lärmquelle) und Maßnahmen beim Betroffenen (z.B. Gehörschutz). Allgemein gilt, daß eine Minderungsmaßnahme um so erfolgreicher ist, je näher sie an der Quelle ansetzt. Oft führt erst der Einsatz verschiedener Maßnahmen zum Erfolg.

In vielen Fällen ist es heute möglich, Anlagen zu bauen, deren Geräuschemission um ca. 10 dB (A) geringer ist, als vor rd. 10 Jahren. Darüber hinaus ergeben sich bei dem zu beobachtenden Trend zu wartungsfreien und wartungsarmen sowie weitgehend automatisch arbeitenden, fernsteuerbaren Anlagen die Möglichkeiten, die Schallemission durch Kapselung und Einbau in Hallen weiterhin zu senken.

5.5. Baulärm

Für die Bekämpfung des Baulärms stehen den Behörden allgemeine Verwaltungsvorschriften zur Verfügung. In diesen werden die zulässigen Immissionen wie auch die von den Baumaschinen ausgehenden Emissionen geregelt.

In der Allgemeinen Verwaltungsvorschrift – Geräuschimmissionen – sind zeitlich und örtlich gestaffelte Richtwerte angegeben, die den Werten der TA-Lärm entsprechen. Werden diese Werte um mehr als 5 dB (A) überschritten, so sollen die zuständigen Behörden Maßnahmen zur Lärmminderung anordnen.

Als Lärmbekämpfungsmaßnahme im Baubereich kommt vor allem der Einsatz leiserer Baumaschinen in Betracht. Welche Baumaschinen als leise zu bezeichnen sind, ist in Allgemeinen Verwaltungsvorschriften für einzelne Baumaschinenarten durch Angabe von Emissionsrichtwerten festgelegt (z.B. für Kompressoren, Betonmischer, Radlader, Kräne).

Baumaschinen, deren Emissionspegel die geltenden Emissions-Richtwerte um mindestens 5 dB (A) unterschreiten, dürfen gekennzeichnet werden, daß sie „erhöhten Schallschutzanforderungen" genügen. Damit wird ein Anreiz gegeben, solche Maschinen zu kaufen und einzusetzen, bei denen Käufer und Benutzer sicher sein können, daß sie auch die in Zukunft geltenden Emissionswerte einhalten.

Die VDI-Kommission „Lärmminderung" gibt regelmäßig einen „Lärmreport Baumaschinen" heraus, in dem Baumaschinen aufgeführt sind, die die vorgeschriebenen Emissionswerte einhalten oder erhöhten Schallschutzanforderungen genügen.

Aufgrund der Rechtsvorschriften zur Bekämpfung des Baulärms sind in der Vergangenheit technisch große Fortschritte gemacht worden. Die Baumaschinenhersteller haben in den letzten Jahren deutlich leisere Baumaschinen auf den Markt gebracht.

In jüngster Zeit sind für einige Baumaschinen (Kompressoren, Aufbruchhämmer, Turmdrehkräne, Stromerzeuger) Geräuschgrenzwerte festgelegt worden, die im gesamten Bereich der Europäischen Gemeinschaften Gültigkeit haben. Außerdem ist für diese Baumaschinen eine Kennzeichnungspflicht eingeführt worden.

Zahlreiche Forschungs- und Entwicklungsvorhaben zur Verbesserung der Lärmminderungstechnik im Baubereich sind auch im Auftrag des Bundesinnenministers und des Umweltbundesamtes durchgeführt worden. Dabei ist deutlich geworden, daß Baulärm nicht nur durch technische Maßnahmen, sondern auch durch eine vorsorgende „Lärmplanung" erheblich gemindert werden kann.

Eine derartige Planung muß schon in der ersten Phase des Bauvorhabens beginnen. Damit der Auftraggeber von Bauarbeiten bereits bei der Auftragsvergabe den Bauunternehmer zum Einsatz entsprechender leiser Geräte und Verfahren verpflichten kann, wurde ein „Standardleistungsbuch" entwickelt. Es enthält weitgehend vorformulierte Texte zur Festlegung eindeutiger Anforderungen. Ein VDI-Arbeitskreis beschäftigt sich mit der Erarbeitung einer Richtlinie zur Einrichtung und zum Betrieb leiser Baustellen.

5.6. Wohn- und Freizeitlärm

Im Bereich des Freizeit- und Wohnlärms sind insbesondere gegen den von Gaststätten, vom überlauten Betrieb von **Rundfunkgeräten** und von **Rasenmähern** verursachten Lärm rechtliche Regelungen getroffen worden. Daneben gibt es aber zahlreiche Spezialvorschriften wie zum Beispiel für Schießanlagen, Motorsportveranstaltungen oder den Betrieb von Modellflugzeugen.

Gaststätten müssen so eingerichtet und betrieben werden, daß Immissionen, die nach Art, Ausmaß und Dauer geeignet sind, Gefahren, erhebliche Nachteile oder erhebliche Belästigungen darzustellen, nicht auftreten können. Typische Störungen sind dabei musikalische Veranstaltungen oder Darbietungen, laute Gäste, der Betrieb von Kegelbahnen oder das An- und Abfahren von **Kraftfahrzeugen**. Nach § 5 des **Gaststättengesetzes** können dem Inhaber einer Gastwirtschaft bei Erteilung der Schankerlaubnis Auflagen zum Schutze der Bewohner der Nachbargrundstücke gegen erhebliche Nachteile und Belästigungen gemacht werden. Zuständig sind die örtlichen Polizei- und Ordnungsbehörden.

Rundfunkgeräte müssen generell so eingestellt sein, daß die Nachbarn nicht erheblich belästigt oder gefährdet werden. Die vernünftige Benutzung von Lautsprechern, Tonwiedergabegeräten und Musikinstrumenten regeln die **Lärmverordnungen** der Länder. So wird in den **Polizeiverordnungen** über die

Bekämpfung des Lärms der meisten Länder festgelegt, daß **Lautsprecher, Tonwiedergabegeräte** und **Musikinstrumente** nur in solcher Lautstärke benutzt werden dürfen, daß Dritte nicht mehr als nach den Umständen unvermeidbar beeinträchtigt werden. Wer vorsätzlich oder fahrlässig gegen diese Vorschrift verstößt, handelt ordnungswidrig und kann mit einem Bußgeld belegt werden. Die Ausführung dieser Vorschriften obliegt den Ländern. Ordnungsämter oder die Polizei verfolgen die Lärmsünder.

Die Verordnung über **Rasenmäherlärm** vom 28. 7. 1976 (8. BImSchV) legt zulässige Emissionswerte fest. Sie schreibt vor, daß Rasenmäher mit ihren Emissionswerten und ihrer Leistung gekennzeichnet werden müssen.

Darüber hinaus sind die Benutzungszeiten für Rasenmäher geregelt: Rasenmäher dürfen grundsätzlich nur werktags in der Zeit von 7.00 bis 19.00 Uhr benutzt werden. Ausnahme bilden Rasenmäher mit einem Emissionswert von weniger als 60 dB(A): diese dürfen auch von 19.00 bis 22.00 Uhr sowie an Sonn- und Feiertagen betrieben werden.

Bereits jetzt gibt es zahlreiche Rasenmäher mit Lärmwerten unter 60 dB(A). Diese Rasenmäher gelten als besonders umweltfreundlich und können deshalb mit dem **Umweltzeichen** ausgezeichnet werden.

5.7. Baulicher Schallschutz

Um einen ausreichenden Schallschutz zwischen einzelnen Wohnungen aber auch gegenüber Außenlärm zu gewährleisten, müssen bauakustische Anforderungen an die verwendeten Hausbauteile gestellt werden. Werden die Erfordernisse des Schallschutzes beim Hausbau nicht in erforderlichem Maße berücksichtigt, kommt es fast immer zu Lärm-Problemen, die nachträglich nicht mehr oder nur noch mit sehr hohen Kosten gelöst werden können.

Die Anforderungen, die an den Luftschallschutz und den Trittschallschutz von Bauteilen zu stellen sind, werden – unter Berücksichtigung anderer Kriterien wie Kosten, Realisierbarkeit u.a. – in entsprechenden VDI- und DIN-Ausschüssen unter Beteiligung der betroffenen Kreise festgelegt. Die Einhaltung dieser Anforderungen wird in genormten Testverfahren überprüft. Zum baulichen Schallschutz gehört auch die Verwendung lärmarmer, gekennzeichneter Armaturen und deren fachmännischer Einbau.

5.8. Lärmschutzplanung

Auch durch planerische Maßnahmen kann der Lärm – unabhängig von der vorrangig notwendigen Lärmminderung an der Quelle – wirkungsvoll bekämpft werden. Viele Städte und Gemeinden wenden in jüngster Zeit das zur Verfügung stehende Instrumentarium für die Bauleitplanung (DIN 18 005) besser an.

Die Bundesregierung prüft zur Zeit gemeinsam mit den Bundesländern, ob ergänzend zu den bereits gesetzlich verankerten Plänen wie Luftreinhalteplänen, Abwasser- und Abfallbeseitigungsplänen auch Lärmschutzpläne aufgestellt werden können. Der Länderausschuß für Immissionsschutz hat die Grundlagen für die Aufstellung von Lärmschutzplänen erarbeitet. Danach wird zwischen

- Lärmsanierungsplänen und
- Lärmvorsorgeplänen

unterschieden. Lärmsanierung ist immer dann notwendig, wenn in einem Gebiet Menschen mehr als zumutbar durch Lärm beeinträchtigt werden.

Als Belastungsgebiete gelten dabei Wohngebiete, in denen folgende Mittelungspegel überschritten werden:

	tags:	nachts:
Straßenverkehr	70*	60*
Schienenverkehr	70*	65*
Industrie und Gewerbe	65*	50*
Rangierbahnhof	65*	50*
Flugverkehr	67**	

* Werte in dB (A)
** entsprechend Fluglärmgesetz

Zur Entwicklung von Kriterien und Verfahren zur Aufstellung von Lärmschutzplänen wurden von den Bundesländern und vom Umweltbundesamt Forschungsvorhaben vergeben.

Lärmvorsorge ist erforderlich, wenn die Gefahr besteht, daß sich in einem Gebiet die Beeinträchtigung durch Lärm wesentlich erhöht. Bei der Beratung der Problematik von Lärmvorsorgeplänen hat sich gezeigt, daß es besonders wichtig und dringend ist, die wenigen noch vorhandenen Gebiete relativer Ruhe („Ruhegebiete") zu erhalten. Ruhegebiete sollen möglichst frei sein von allen technischen Lärmquellen wie Kraftfahrzeugen, Flugzeugen, Verkehrswegen, Sportanlagen usw.

5.9. Lärmwirkungsforschung

Die Bundesregierung ist sich der Notwendigkeit einer intensiven Erforschung der Wirkung von Lärm auf Gesundheit und Wohlbefinden der Menschen voll bewußt. Sie hat deshalb im Jahr 1978 beim **Umweltbundesamt** einen interdisziplinären Arbeitskreis für Lärmwirkungsfragen eingesetzt, in dem Experten aller für die Wirkung von Lärm auf den Menschen relevanten Fachrichtungen zusammenarbeiten. Sie hat darüber hinaus zur Klärung der vordringlichen, noch offenen Fragen zahlreiche Forschungsvorhaben eingeleitet, die sich u.a. auf folgende Themen beziehen:

– repräsentative Erfassung der Lärmbelastung und der Lärmbelästigung in städtischen Gebieten
– kausale Beziehung zwischen langfristiger Verkehrslärmbelastung und Herz/Kreislauferkrankungen
– Beeinträchtigung des Schlafs durch Lärm
– Vergleich der Belästigungsqualität unterschiedlicher Lärmquellen
– Betroffenheit durch Tieffluglärm

Die Bundesregierung wird die **Lärmwirkungsforschung** auch weiterhin nachhaltig fördern und die Forschungsergebnisse bei der Formulierung ihrer Lärmschutzpolitik verwerten.

5.10. Internationale Zusammenarbeit

Die Maßnahmen zur Verringerung des **Verkehrslärms** von Kraftfahrzeugen müssen international abgestimmt werden, da wir auch nach Verabschiedung dieser Bestimmungen in unseren Läden italienische, russische, schwedische, französische, japanische, amerikanische oder englische Kraftfahrzeuge anbieten und unsere eigenen Kraftfahrzeuge im Ausland verkaufen wollen. Die Bundesregierung ist deshalb bei der **Europäischen Wirtschaftskommission** der Vereinten Nationen (ECE) und bei den **Europäischen Gemeinschaften** (EG) mit Vorschlägen für eine weitere Begrenzung des **Kraftfahrzeuglärms** initiativ geworden. Diese Initiative war erfolgreich. Ab 1988 tritt die Richtlinie 84/424/EWG in Kraft, in der erheblich verschärfte Geräuschgrenzwerte von PKW, LKW und Busse festgelegt werden.

Auch eine Harmonisierung der Baulärmvorschriften – soweit es sich um Emissionsvorschriften und Anforderungen an Baumaschinen handelt – wird auf EG-Ebene angestrebt. Für eine Reihe von Baumaschinen (z.B. Kompressoren, Stromerzeuger, Aufbruchhämmer, Turmdrehkräne) existieren bereits Richtlinien für Grenzwerte und Kennzeichnung dieser Maschinen. Ebenso gibt es eine EG-Richtlinie für Rasenmäherlärm.

Anstelle einer Zusammenfassung

Trotz der erfreulichen Lösungsansätze: viele unserer Lärmprobleme werden uns noch die nächsten Jahre – und Jahrzehnte – beschäftigen. Wir haben unsere kurze Betrachtung mit einigen Beiträgen aus der „Kulturgeschichte des Lärms" begonnen, mit einem Zitat des Philosophen Arthur Schopenhauer (1788– 1860) werden wir schließen:

> „Kant hat eine Abhandlung über die lebendigen Kräfte geschrieben, ich aber möchte eine Nänie (= Trauergesang, Anm. d. Verf.) und Threnodie (= Klagelied) über dieselben schreiben; weil ihr so überaus häufiger Gebrauch, im Klopfen, Hämmern und Rammeln mir mein Leben hindurch zur täglichen Pein gereicht hat. Allerdings gibt es Leute, ja recht viele, die hierüber lächeln; weil sie unempfindlich gegen Geräusche sind: es sind jedoch eben die, welche auch unempfindlich gegen Gründe, gegen Gedanken, gegen Dichtungen und Kunstwerke, kurz, gegen geistige Eindrücke jeder Art sind . . ."

WÖRTERBUCH* LÄRMSCHUTZ

Verwendete Abkürzungen:

BGBl	=	Bundesgesetzblatt
i.a.	=	im allgemeinen
i.d.R.	=	in der Regel
RGBl	=	Reichsgesetzblatt
u.a.	=	unter anderem
u.ä.	=	und ähnliches(m)
z.B.	=	zum Beispiel
z.Z.	=	zur Zeit

---

* **fettgedruckte Worte** verweisen auf weitere Stichworte

Patente, Gebrauchsmuster und Warenzeichen werden nicht als solche ausgewiesen. Bestehende Verwertungsrechte u.ä. werden nicht erwähnt. Die Angabe von Markennamen, Herstellern u.a. erfolgt stets nur beispielshalber.

A-Bewertung → Frequenzbewertung

Abstandserlaß

Nach dem **Bundes-Immissionsschutzgesetz** (§ 50) ist der **Immissionsschutz** auch in der **Bauleitplanung** zu berücksichtigen. Zu diesem Zweck wurde u.a. im Land Nordrhein-Westfalen ein A. in Kraft gesetzt, in dem die Abstände zwischen Industrie- bzw. Gewerbegebieten und Wohngebieten genannt werden. Der A. dient den an der Planung beteiligten Behörden (als Träger öffentlicher Belange) als Beurteilungsgrundlage im **Flächennutzungs-** und **Bebauungsplanverfahren**. Je nach Art der Anlagen werden nach den Gesichtspunkten der Luftreinhaltung und des **Lärmschutzes** die erforderlichen Abstandsflächen bestimmt. Der A. wird auch in anderen Bundesländern bei Planungen herangezogen.

→ **Mindestabstände, Stadtplanung**

Aktionsprogramm Lärmbekämpfung

Vom Bundesminister des Innern im Oktober 1978 erstelltes Programm, das auf den Arbeiten von 18 Arbeitskreisen einer Projektgruppe Lärmbekämpfung und dem Umweltgutachten 1978 des Rates von Sachverständigen für Umweltfragen beruht.

Leitgedanken des A.L. sind vor allem

- Bekämpfung des **Lärms** möglichst bereits bei seiner Entstehung (an der Quelle)
- Verhinderung von Lärm**belästigungen** möglichst von vornherein durch sachgerechte Umweltplanung,
- Nutzung marktwirtschaftlicher Kräfte für die Lärmminderung, und
- Durchführung der Maßnahmen mit möglichst geringem Verwaltungsaufwand.

Das Programm sieht sowohl rechtliche Maßnahmen als auch Forschungs- und Entwicklungsmaßnahmen und Informationsaktivitäten vor, u.a.

- **Lärmgrenzwerte** für Fahrzeuge,
- Immissions**grenzwerte** für den **Lärmschutz** an Verkehrswegen und Gebäuden,
- Anreize für Bau und Erwerb **lärmarmer Motorfahrzeuge**,
- Verbesserung des **baulichen Schallschutzes**,
- **Lärmsanierungs-** und **Lärmvorsorgepläne**,

A

- Meß- und Bewertungsverfahren für **Erschütterungen** und
- Verbesserung von Kontroll- und Überwachungsmöglichkeiten.

→ **Benutzungsvorteile**

Aktiver Schallschutz → Schallschutz

Akustik

Lehre vom **Schall.**

→ **Bauakustik**

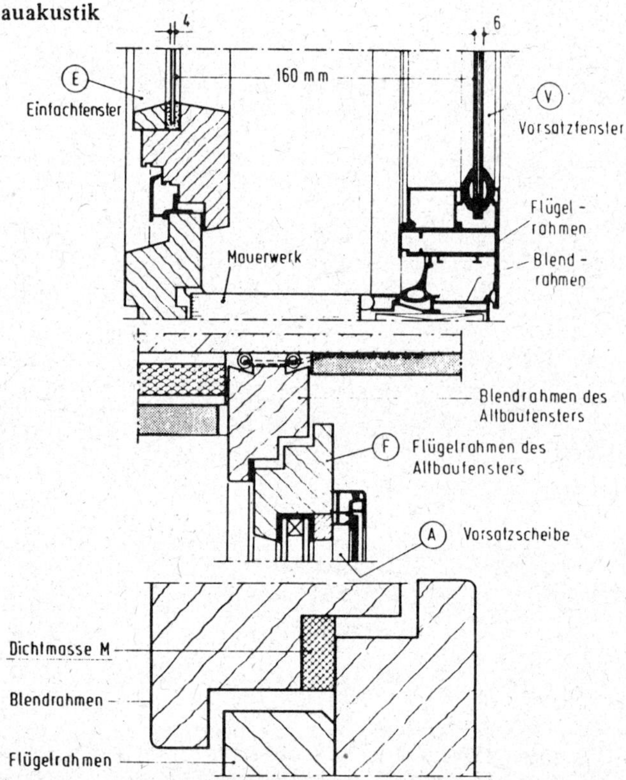

Möglichkeiten zur Verbesserung der Schalldämmung vorhandener Fenster
Quelle: Umweltbundesamt

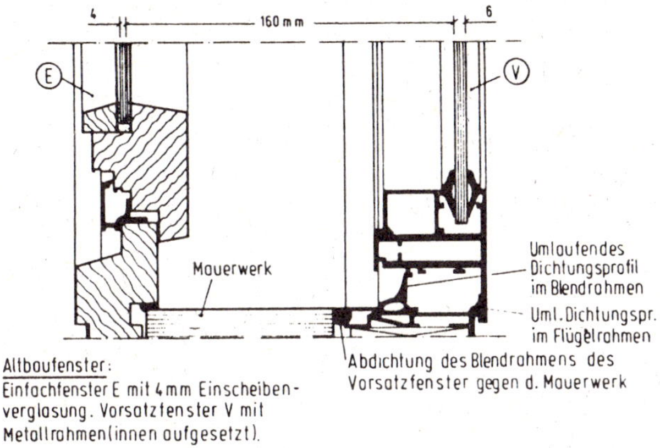

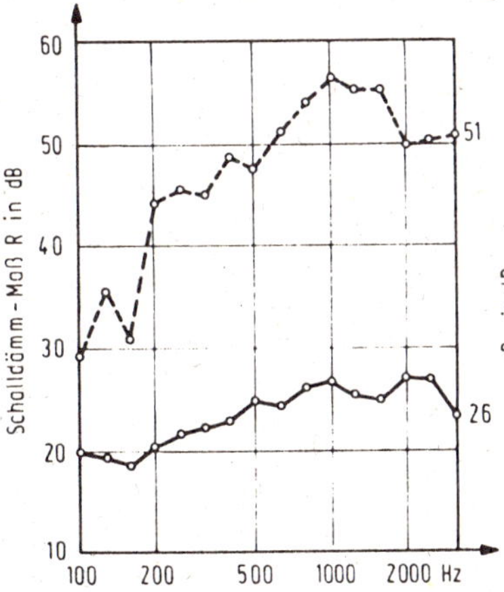

Verbesserung der Schalldämmung durch ein hochwirksames Vorsatzfenster vor einem schalltechnisch ungenügenden Einfachfenster
Quelle: Umweltbundesamt

A

Altbaufenster

Fenster an Altbauten bieten oftmals nur unzureichenden Schutz gegen Lärm. Abhilfe kann hier durch Abdichten des Fensters gegen das Mauerwerk, der Fensterflügel im Falzbereich und im Ersetzen von dünnen Einfachverglasungen durch Isolierverglasung getroffen werden. Auch das Einpassen neuer Dichtungen auf Silikon-Kautschuk-Basis zwischen Blend- und Flügelrahmen hat sich bewährt. Die im Handel angebotenen Vorsatzscheiben zum Aufschrauben auf einen vorhandenen Fensterflügel sind nur dann hilfreich, wenn vorher alle Undichtigkeiten an Fenster und Rahmen beseitigt wurden. Einen noch besseren **Schall**schutz bietet ein Vorsatzfenster, das außerhalb oder innerhalb des vorhandenen Fensters eingebaut wird.

Bei einer wirksamen Abdichtung können sich Probleme mit der **Wohnungslüftung** ergeben!

→ **Lärmschutz an Gebäuden, Schallschutzfenster, Verkehrslärmschutzgesetz**

Altglascontainer

Die Altglassammlung ist ein wirksamer Beitrag zum Umweltschutz. Beim Einwerfen der Flaschen, kann jedoch je nach Füllhöhe, Flaschenart und Containerbauart störender **Lärm** entstehen (in 10 m Entfernung noch **Pegel** von 65–85 dB(A)). Dieses erschwert die Aufstellung von A. in Wohngebieten.

In einem Forschungsvorhaben des **Umweltbundesamtes**, wurden die Lärmminderungsmöglichkeiten untersucht (Belegen des Behälterbodens mit Gummimatte, Abdichten des Behälters, Abdichten der Einwerföffnungen mit Gummirosetten oder Schalldämpfern, Auskleiden der Behälter mit schalldämmendem Material, Verkleinerung der Einfüllöffnungen, Verwendung von schalldämpfenden Materialien beim Behälterbau u.a.).

Durch geeignete Kombinationen schalldämmender Maßnahmen kann der Einwurflärm je nach Füllhöhe um 17–27 dB(A) reduziert werden.

→ **Dezibel**

Ampelanlagen

Besonders belästigend sind die an A. auftretenden **Lärmspitzen**, die durch Brems- und Anfahrvorgänge erzeugt werden.

Dies gilt in besonderem Maße für die von einigen Kraftfahrern an A. praktizierten „**Kavalierstarts**" und Vollbremsungen. Hierdurch kann beim A.-Umschalten der **Lärmpegel** um bis zu 20 dB(A) ansteigen.
A. sollten unter möglichst weitgehender. Berücksichtigung des **Lärmschutzes** betrieben werden, d.h.: bei möglichst kurzen Wartezeiten und bestmöglichem Verkehrsfluß. Sinnvoll ist z.B. die Einrichtung von „grünen Wellen" u.U. auch die Abschaltung von A. wenn dies die Verkehrssicherheit erlaubt.
→ **Fahrverhalten**

Anlassergeräusch

Startgeräusche bei **Kraftfahrzeugen**, die besonders nachts und frühmorgens zur Belästigung der Nachbarschaft führen können. Das A. nimmt im allgemeinen mit steigendem Hubraum des Motors zu (größerer Durchdrehwiderstand).
Durch fortschrittliche Motorkonstruktionen (der Anlasser wird z.B. direkt am Kurbelgehäuse angebracht), läßt sich das A. um bis zu 5 dB(A) verringern. Aber auch der Fahrzeughalter kann einen wesentlichen Beitrag zum **Lärmschutz** leisten:
Eine gut gepflegte elektrische Anlage garantiert einen kurzen Startvorgang und damit ein geringes A. Im Rahmen eines Forschungsvorhabens wurde eine motorintegrierte Anlaßeinrichtung entwickelt, bei der der Anlasser im Bereich der Ölwanne motorintern untergebracht wurde, so daß er über einen Freilauf unmittelbar auf die Kurbelwelle wirkt. Dadurch konnte das A. um ca. 12 dB (A) gesenkt werden.

Anti-Manipulationskatalog → Manipulation

Antriebsgeräusch → Fahrgeräusch

Arbeitsplatzlärm

An Arbeitsstätten auftretende **Geräusche**, die oftmals ein gesundheitsgefährdendes Maß erreichen. Aus Untersuchungen geht hervor, daß in der Bundesrepublik Deutschland 6,4 Mio

Arbeitnehmer häufig starken Geräuschbelastungen ausgesetzt sind.
Überdurchschnittlich hohe **Lärm**belastungen ergeben sich dabei vorwiegend in metall-, glas- und holzverarbeitenden Betrieben, in Spinnereien und Webereien, in der Kunststoffverarbeitung, im Fahrzeugbau und im Druckereigewerbe.
Obwohl in der **Arbeitsstättenverordnung** und in der „**Unfallverhütungsvorschrift-Lärm**" (UVV-Lärm) max. Schallpegel von 85 dB(A) (höchstens 90 dB(A)) gefordert werden, wird geschätzt, daß an 2 Mio. Arbeitsplätzen in der Bundesrepublik Deutschland höhere Pegel (**Beurteilungspegel**) auftreten (= **Lärmbereiche**). Die UVV-Lärm schreibt vor, daß ab 85 dB(A) ein **Gehörschutz** zur Verfügung gestellt werden muß, ab 90 dB(A) besteht die Pflicht für den Arbeitnehmer, diesen ständig zu tragen.
Darüber hinaus müssen die in diesen Lärmbereichen Tätigen ständig medizinisch betreut werden.

An Flaschen-Abfüllanlagen können Geräusche bis zu 110 dB(A) entstehen.
Quelle: Hessisches Ministerium für Landesentwicklung, Umwelt, Landwirtschaft und Forsten

Da auch geringere Schallpegel zur Beeinträchtigung von Leistung und Gesundheit führen können, schreibt die Arbeitsstättenverordnung als Zielwerte für Arbeitsplätze mit überwiegend geistigen Tätigkeiten 55 dB(A), für solche mit einfachen oder überwiegend mechanischen Bürotätigkeiten und vergleichbaren Tätigkeiten 70 dB(A) und für Pausen-, Liege- und Sanitätsräume 55 dB(A) (jeweils **Mittelungspegel**) vor.
→ **Büromaschinen, Gewerbelärm, Industrielärm, Lärmquellen, Lärmschwerhörigkeit**

Arbeitsstättenverordnung

Durchführungsverordnung zur Gewerbeordnung zuletzt geändert am 1. 8. 1983 (BGBl I S. 1057). Verpflichtet den Arbeitgeber, die Arbeitsstätte so auszustatten, daß **Gesundheitsgefährdungen** von den Arbeitnehmern ferngehalten werden, wie es die Natur des Betriebes gestattet. Nach der A. ist der **Schallpegel** in Arbeitsräumen so niedrig zu halten, wie es nach Art des Betriebes möglich ist; der **Beurteilungspegel** am Arbeitsplatz in Arbeitsräumen darf (auch unter Berücksichtigung der von außen einwirkenden Geräusche)

- in Pausen-, Bereitschafts-, Liege- und Sanitärräumen und bei überwiegend geistigen Tätigkeiten — 55 **dB(A)**
- bei einfachen oder überwiegend mechanisierten Bürotätigkeiten und vergleichbaren Tätigkeiten — 70 dB(A)
- bei allen sonstigen Tätigkeiten — 85 dB(A)

nicht übersteigen
(kann dieser Lärmpegel nach der betrieblich möglichen Lärmminderung zumutbarerweise nicht eingehalten werden, darf er um bis zu 5 dB (A) überschritten werden. Der Wert von 85 dB (A) ist im Bereich der **EG** entsprechend der **Richtlinie** 86/188/EWG harmonisiert).

Neben diesen staatlichen Vorschriften ist noch die **Unfallverhütungsvorschrift Lärm** der Berufsgenossenschaften zu beachten.

A

Armaturen → Bauaufsichtliches Prüfzeichen, Haustechnik

Aufklärung
Viele Ziele des Umweltschutzes sind nur dann zu erreichen, wenn auch der einzelne Bürger bereit ist, seinen Beitrag hierzu zu leisten. Dieses setzt ein ausgeprägtes **Umweltbewußtsein** voraus. Hierzu betreiben Bund, Länder und Gemeinden, aber auch private Organisationen wie die **Umweltverbände** seit Jahren eine gezielte Umweltaufklärung. Hiermit sollen die beim Bürger vorhandenen Kenntnisse vertieft und umweltschonende Verhaltensalternativen vermittelt werden. Die Bundesregierung setzt eine Vielzahl von Aufklärungs- und Informationsmitteln ein, die von Fernsehspots, Umweltzeitungen, Taschenbüchern, Ausstellungen, Postern und Aufklebern bis zur speziellen Information für Umweltfachleute, Journalisten und andere Multiplikatoren reichen. Eine bedeutsame Rolle im Bereich der A. Spielt der „Tag der Umwelt", der seit der 1. Umweltkonferenz der UN in Stockholm (1972) weltweit am 5.6. eines jeden Jahres durchgeführt wird. Dem **Umweltbundesamt** wurde im Errichtungsgesetz die Aufgabe „Aufklärung der Öffentlichkeit in Umweltfragen" übertragen.

→ **Bürgerbeteiligung, Lärmbewußtsein, Umweltbewußtsein**

Auflagen → Genehmigungsverfahren

Ausbreitung von Schall
Schall breitet sich in der Luft mit einer Geschwindigkeit von 340 m/s in alle Richtungen aus.

Wenn sich die Entfernung verdoppelt, nimmt bei ungehinderter A.v.S. der von einer punktförmigen Schallquelle (z.B. Maschine) ausgehende Schall um 6 dB(A) und der von einer linienförmigen Schallquelle (z.B. Straße, Schiene) ausgehende Schall um 3 dB(A) ab.

Die A. wird durch Schall**brechung**, **-beugung**, **-reflexion** und -absorption witterungsabhängig beeinflußt (abhängig von Wind und Temperaturschichtungen). In Extremfällen wurden an gleichen Orten z.T. erhebliche witterungsbedingte Pegelschwankungen gemessen.

→ **Lärmschutzwall, Lärmschutzwand, Schalldruck, Temperaturinversion**

Auspuffanlage

Aus einem oder mehreren Schalldämpfern mit Verbindungsleitungen bestehende Abgasleitung bei **Kraftfahrzeugen**.

Durch die Verbrennungsgase sowie äußere Einwirkungen (z.B. Feuchtigkeit, Streusalz) werden A. durch Korrosion zerstört, dieses führt zu erhöhtem **Auspuffgeräusch** und damit höherer Umweltbelastung. Leider ist die akustische Qualität der handelsüblichen Anlagen noch sehr unterschiedlich. Bei Prüfungen wurden Unterschiede von bis zu 15 dB(A) festgestellt.

→ **Prüfung von Kraftfahrzeugen**

Auspuffgeräusch

Summe aus Mündungsgeräusch und Schallabstrahlung von den Oberflächen der vibrierenden Rohre und Töpfe der **Auspuffanlage**. Das A. steigt im Gegensatz zum **Motorgeräusch** weniger mit der Motordrehzahl, als mit der Motorlast (Gaspedalstellung).

Das A. kann durch Vergrößerung des Dämpfervolumens verringert werden.

→ **Anlassergeräusch, Bremsgeräusch, Fahrgeräusch, Gaswechselgeräusch, Karosseriegeräusch, Motorgeräusch, Reifen-Fahrbahn-Geräusch**

Auto → Personenkraftwagen

Automatikgetriebe

A. sind im allgemeinen leiser als Handschaltgetriebe, da das A. vor allem die besonders lästigen Drehzahlspitzen vermeidet. Aus Gründen der **Lärmminderung** und Fahrsicherheit sind A. vor allem auch für die geschwindigkeitsbegrenzten Zweiräder zu empfehlen, da neben dem Ausdrehen der Gänge auch das unnötige Hochdrehen des Motors vor dem Anfahren vermieden wird.

→ **Gangwahl, Getriebe, Fahrgeräusch**

A

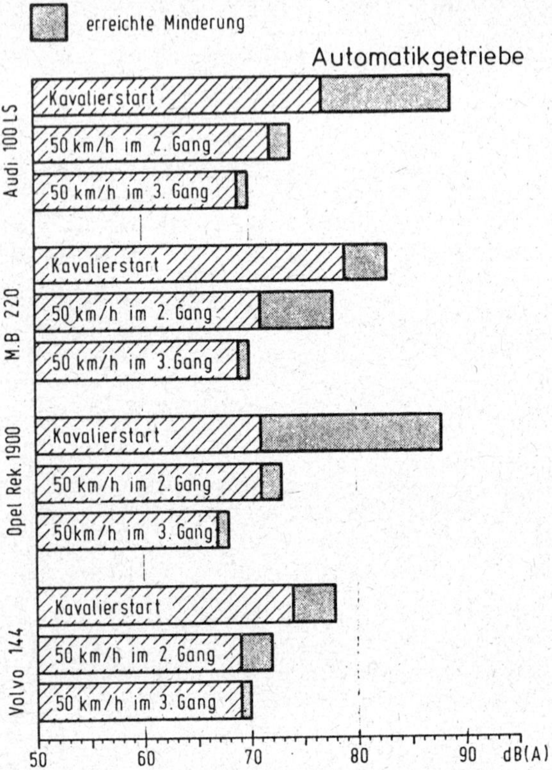

Lärmminderung an Kraftfahrzeugen mit Automatikgetriebe
Quelle: ADAC

B

Bauabnahme

Die B. stellt eine wichtige Kontrollmöglichkeit hinsichtlich des **Lärmschutzes** im Hochbau dar.
Bei der B. soll u.a. geprüft werden, ob die Bauarbeiten der **Baugenehmigung** und den rechtlichen und technischen Vor-

schriften (insbesondere DIN 4109) sowie den „anerkannten Regeln der Baukunst" entsprechen.
Die B. wird von der Bauaufsichtsbehörde durchgeführt. Wichtig sind vor allem die Rohbauabnahme und die Gebrauchs- oder Schlußabnahme. Fehler, die in diesem Stadium nicht entdeckt werden, können zu Lärmproblemen führen, die später entweder gar nicht oder nur durch sehr aufwendige nachträgliche Lärmschutzmaßnahmen wieder reduziert werden können.

Bauakustik

Lehre vom **Schallschutz** an und in Gebäuden.
→ **Akustik, Baulicher Schallschutz, Lärmschutz an Gebäuden**

Bauaufsichtliches Prüfzeichen

Armaturen und Geräte der Wasserinstallation können zu großen Geräusch**belästigungen** im Wohn- und Arbeitsbereich führen. Deshalb schreiben die Prüfzeichenverordnungen der Länder vor, daß Auslauf-, Durchgangs- und Drosselarmaturen, Druckminderer und Druckspüler sowie Spülkästen und Geräte zum Bereiten von warmen und heißem Wasser über ein B.P. verfügen müssen, sofern sie in der **Haustechnik** verwandt werden.
Die Kennzeichnung erfolgt nach zwei Gruppen, wobei zur Gruppe I Armaturen und Geräte für hohe **Lärmschutzanforderungen** gehören. Armaturen und Geräte erfüllen diese Lärmschutzanforderungen jedoch nur, wenn auch die entsprechenden Einbauvorschriften beachtet werden.
→ **Baulicher Schallschutz, Kennzeichnung, Produktinformation, Umweltzeichen**

Baugenehmigungsverfahren

Alle Neubauten, Erweiterungsbauten und sehr viele Umbauten von Gebäuden müssen baurechtlich genehmigt werden. Näheres regeln die **Bauordnungen** der Länder. Zur Genehmigung eines Bauvorhabens muß bei der Bauaufsichtsbehörde ein Bauantrag oder Baugesuch eingereicht werden. Im B. wird insbesondere geprüft, ob der Bauantrag mit der **Bauleitplanung** vereinbar ist und ob die geltenden Lärmschutzvorschriften (insbesondere der Bauordnung und der **DIN 4109**) eingehalten werden. Oft sind die Einwände von Betroffenen (z.B. Nachbarn) zu berücksichtigen. Gegen die Zurückweisung seiner Einwände kann der Betroffene Klage erheben. Soweit nötig, können die Behörden erhebliche Änderungen der Bauantragsunterlagen (z.B. Verwendung anderer Baumaterialien, Grundrißpläne) oder die Erfüllung bestimmter Auflagen verlangen. Die Baugenehmigung wird in Form eines schriftlichen Bescheids erteilt.

Baulärm

Auf **Baustellen** auftretender **Lärm**, der im Gegensatz zum Lärm stationärer Industrie- oder Gewerbeanlagen für eine begrenzte Zeitdauer, dafür aber auch in sehr lärmempfindlichen Gebieten (Krankenhäuser, Wohnungen) auftreten kann.

Ein optimaler Schutz vor B. kann nur garantiert werden, wenn bereits in die Bauvorbereitung die Gesichtspunkte des Lärmschutzes einfließen. Hierzu gehört:

- frühzeitige Zusammenarbeit aller am Bau Beteiligten in Fragen der B.-Bekämpfung
- Berücksichtigung der Lärmschutzauflagen in Ausschreibung und Angebot
- Verlagerung lärmender Elemente von der Baustelle bei besonders schutzbedürftiger Nachbarschaft
- Einsatz von besonders fortschrittlichen lärmarmen Bauverfahren und **Baumaschinen**
- Berücksichtigung des **Immissions**richtwertes für das betroffene Gebiet bei der Gestaltung des Bauablaufes
- Zusammenlegen lärmintensiver Arbeiten mit anschließender Berücksichtigung ausreichend langer Lärmpausen
- Information der Nachbarschaft und der Aufsichtsbehörden über unvermeidbaren, ungewöhnlich hohen Lärm

- Einsatz von Baumaschinen mit erhöhtem Schallschutz in besonders schutzbedürftigen Gebieten und bei nächtlichem Betrieb

→ **Bauordnung, EG-Richtlinien, Grenzwerte, Lärmarme Baumaschinen, Lärmarme Bauverfahren, Lärmquellen, Standardleistungsbuch**

Bauleitplanung

Planung der baulichen und sonstigen Nutzung von Grundstücken zur Ordnung der städtebaulichen Entwicklung in Stadt und Land. Die B. ist Aufgabe und Pflicht der Gemeinden.

Eine **Bürgerbeteiligung** an der B. ist gesetzlich vorgesehen. Unterschieden werden:

- der vorbereitende Bauleitplan = **Flächennutzungsplan**, der für das gesamte Gemeindegebiet aufgestellt wird und
- der verbindliche Bauleitplan = **Bebauungsplan**, der Art und Maß der baulichen Nutzung für einen Teilbereich der Gemeinde rechtsverbindlich regelt.

→ **Abstandserlaß, Grenzwerte, Stadtplanung**

Baulicher Schallschutz

Schallschutzmaßnahmen an Gebäuden, die nach Außenschallschutz (Fenster, Wände, Dächer) und Innenschallschutz (**Luftschallschutz, Trittschallschutz**, Schutz vor Hausinstallationsgeräuschen) unterschieden werden.

Die Regeln für den B.S. sind in der DIN 4109 enthalten. Der Erfolg des S. wird wesentlich durch die handwerkliche Sorgfalt beim Einbau und bei der Nachprüfung bestimmt. Durch strenge Kontrollen und Nachmessungen können meist erhebliche Verbesserungen in der Ausführungsqualität bewirkt werden.

→ **Altbaufenster, Bauakustik, Bauaufsichtliches Prüfzeichen, Grundrißanordnung, Haustechnik, Rolläden, Schalldämmung, Schalldämpfung, Schallschutz an Gebäuden, Schallschutzfenster, Schwimmender Estrich, Schwingungsisolierung, Technische Baubestimmungen**

B

Baumaschinen

Zum Schutze der Nachbarschaft sollten auf **Baustellen** nur besonders fortschrittliche lärmarme Bauverfahren mit geräuscharmen B. eingesetzt werden. Was unter geräuscharmen B. zu verstehen ist, wurde in allgemeinen Verwaltungsvorschriften zum Schutz gegen **Baulärm** festgelegt. Solche Vorschriften gibt es bisher für Bagger, Betonmischeinrichtungen, Betonpumpen, Drucklufthämmer, Kettenlader, Kompressoren, Kräne, Planierraupen, Radlader und Transportbetonmischer. Baumaschinen, die die in den Vorschriften festgelegten Richtwerte um mindestens 5 dB(A) unterschreiten, entsprechen den „erhöhten Schallschutzanforderungen" und sollten vorzugsweise in schutzbedürftigen Gebieten oder bei nächtlichem Betrieb eingesetzt werden.

In den letzten Jahren sind im Bereich der Europäischen Gemeinschaften für eine Reihe von B. **Grenzwerte** festgelegt worden, die bei Einfuhr oder Verkauf eingehalten werden müssen. Diese Grenzwerte orientieren sich an den in der Bundesrepublik gültigen Verwaltungsvorschriften. Zusätzlich ist eine **Kennzeichnung**spflicht für B. eingeführt worden.

→ **Baulärm, EG-Richtlinie, Lärmarme Baumaschinen, Standardleistungsbuch, VDI-Lärmreport**

Bauordnung

Von den Bundesländern erlassene Gesetze, die die Durchführung von Baumaßnahmen regeln.

Die verschiedenen B. der Bundesländer weichen zum Teil voneinander ab.

Die bayerische B. verlangt z.B. als einzige, daß an verkehrsreichen Straßen die Aufenthaltsräume einer Wohnung überwiegend auf der **lärm**abgewandten Seite des Gebäudes liegen und daß **Lärmschutzwände**, bepflanzte **Lärmschutzwälle** oder ähnliches errichtet werden, wenn Lage und Nutzung von Gebäuden mit Aufenthaltsräumen dies erfordert. In Schleswig-Holstein und Hamburg sind für Aufenthaltsräume, die besonders starkem **Straßenverkehrslärm** ausgesetzt sind, besondere **Schallschutzmaß**nahmen zu treffen.

Alle B. verlangen eine Anordnung von Kfz-Stellplätzen und Garagen in der Weise, daß das Wohnen und Arbeiten sowie

die Ruhe (und Erholung) in der Umgebung durch Lärm nicht erheblich beeinträchtigt wird.
Auch sehen alle B. vor, daß Grundstücke aufgrund ihrer speziellen Lage für bestimmte Bebauungen ausgeschlossen werden können.

→ **Bauleitplanung, Grundriß, Lärmverordnungen, Regelwerke, Stadtplanung**

Baustellen

In der „Allgemeinen Verwaltungsvorschrift zum Schutz gegen **Baulärm** – **Geräusch**immission –" vom 19. August 1970 (BAnz. Nr. 160 vom 1. September 1970) werden – je nach Gebietsnutzung, in der die Baumaßnahme durchgeführt wird – Richtwerte (**Immissions**richtwerte) festgesetzt:

a) Gebiete, in denen nur gewerbliche oder industrielle Anlagen und Wohnungen für Inhaber und Leiter der Betriebe sowie für Aufsichts- und Bereitschaftspersonen untergebracht sind, 70 dB(A)

b) Gebiete, in denen vorwiegend gewerbliche Anlagen untergebracht sind, tagsüber 65 dB(A)
nachts 50 dB(A)

c) Gebiete mit gewerblichen Anlagen und Wohnungen, in denen weder vorwiegend gewerbliche Anlagen noch vorwiegend Wohnungen untergebracht sind tagsüber 60 dB(A)
nachts 45 dB(A)

d) Gebiete, in denen vorwiegend Wohnungen untergebracht sind, tagsüber 55 dB(A)
nachts (40 dB(A)

e) Gebiete, in denen ausschließlich Wohnungen untergebracht sind, tagsüber 50 dB(A)
nachts 35 dB(A)

f) Kurgebiete, Krankenhäuser und Pflegeanstalten
tagsüber 45 dB(A)
nachts 35 dB(A)

Als Nachtzeit gilt die Zeit von 20 bis 7 Uhr.
Bauherren, Bauplaner, Bauunternehmer und Baustellenleiter sind angehalten, diese Richtwerte zu beachten.

Bei einer Überschreitung dieser Richtwerte um mehr als 5 dB(A) müssen die Aufsichtsbehörden einschreiten, und

B

z.B. Betriebszeiten lauter Maschinen oder Arbeitsvorgänge beschränken, **Lärmschutz**maßnahmen oder den Einsatz lärmarmer Bauverfahren oder **Baumaschinen** anordnen.
Für neun wichtige **Baumaschinen**gruppen werden in den „Allgemeinen Verwaltungsvorschriften zum Schutz gegen Baulärm" für diese bei verschiedenen Betriebszuständen in unterschiedlichen Leistungsklassen Emissionsrichtwerte angegeben, anhand derer der **Stand der Technik** für diese Maschinen abgeschätzt werden kann.
Eventuell muß auch eine **Baulärm**planung für den Betrieb auf der Baustelle durchgeführt werden.

Bebauungsplan

Setzt Art und Umfang der baulichen Nutzung für einen Teilbereich eines Gemeindegebietes fest. Im B. können bestimmte **Schallschutz**maßnahmen festgelegt werden. Hierzu zählen u.a. die Zuordnung und Gliederung der Baugebiete wie auch die Festlegung einzelner Schutzmaßnahmen (z.B. Bau von **Lärmschutzwänden**).

→ **Bauleitplanung, Technische Anleitung zum Schutz gegen Lärm**

Belästigung

B. ist die störende Wirkung von **Geräusch**belastungen. Sie wird durch die unerwünschte Beeinflussung von Verhaltensweisen (z.B. Störung der **Kommunikation** oder der Erholung) hervorgerufen und beeinträchtigt das Wohlbefinden.
Das Ausmaß der B. hängt von der körperlichen und seelischen Verfassung des Betroffenen ab, vom Zeitpunkt und Ort der **Immission** und der Einstellung zur Geräuschquelle bzw. zum Verursacher.

→ **Lärmwirkungen**

Belastung (Geräusche)

Beschreibt die auf Mensch oder Umwelt einwirkende **Immission**. Die B. wird in der Regel mit Hilfe des **Mittelungspegels** für den Tag und für die Nacht angegeben.

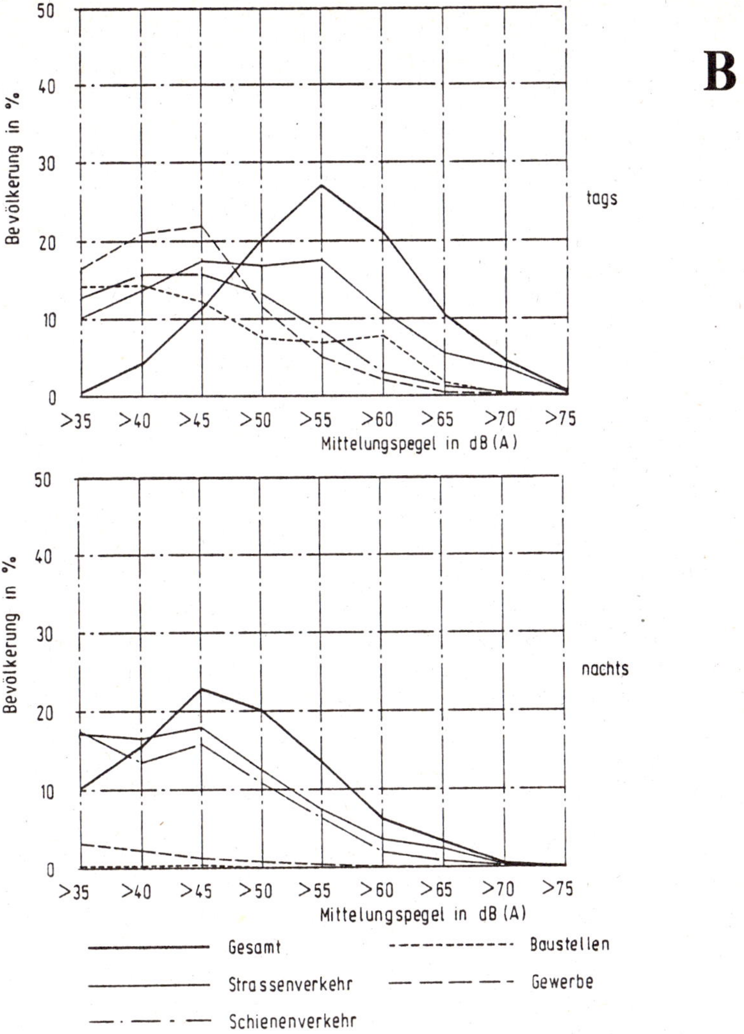

Quellenabhängige Lärmbelastung der Bevölkerung in der Bundesrepublik Deutschland (1979)

B Das Diagramm zeigt, in welchem Maße Wohnplätze in der Bundesrepublik Deutschland tags und nachts lärmbelastet sind. Die Daten beruhen auf einer Erhebung aus dem Jahre 1979 und wurden mit Hilfe eines Computermodells aufbereitet.

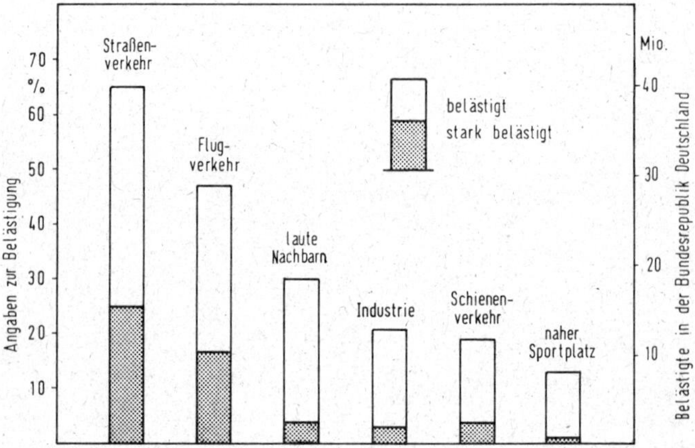

Belästigung durch Lärm. Ergebnisse einer Repräsentativumfrage 1984

Benutzungsvorteile

Oftmals verursachen **Schallschutz**maßnahmen an Produkten höhere Herstellungskosten, so daß solche Produkte teurer sind als vergleichbare laute Produkte. Zum Ausgleich des höheren Preises können Kaufanreize in Form von B. geschaffen werden. Diese marktkonforme Strategie wurde z.B. im **Aktionsprogramm Lärmbekämpfung** gefordert und bereits in einigen Bereichen erfolgreich eingesetzt (z.B. sind lärmarme **Rasenmäher** und **Propeller-Leichtflugzeuge** von bestimmten zeitlichen Beschränkungen ausgenommen, lärmarme Verkehrsflugzeuge zahlen niedrigere Landegebühren).
Im Bereich des Straßenverkehrs sind Ausnahmen für lärmarme Kraftfahrzeuge von **Verkehrsbeschränkungen** oder Verkehrsumleitungen möglich, die die Behörden auf der Grundlage der **Straßenverkehrsordnung** (§ 45) anordnen können.

In Zusammenarbeit mit dem Bayerischen Staatsministerium für Landesentwicklung und Umweltfragen, dem Bayerischen Landesamt für Umweltschutz und dem **Umweltbundesamt** erprobt die Stadt Bad Reichenhall gegenwärtig einige Möglichkeiten von B. Hierzu sollen die seit 1954 bestehenden Sperrzonen und Sperrzeiten für LKWs und motorisierte Zweiräder so verändert werden, daß besonders lärmarme LKW, **Mofa** und **Moped** sich in Zukunft so frei bewegen können wie PKW. Voraussetzung ist, daß diese Fahrzeuge nicht lauter oder störender sind als ein PKW. Auch bei ihren eigenen Fahrzeugen wird die Stadt künftig nur noch leise Fahrzeugmodelle beschaffen.

→ **Lärmarme Motorfahrzeuge, Lärmminderungs-Anreize**

Beratungsstellen

Der „Deutsche Arbeitsring für Lärmbekämpfung e.V. (DAL)" hat in verschiedenen Städten der Bundesrepublik Deutschland einen telefonischen Beratungsdienst eingerichtet, bei dem DAL-Mitglieder ehrenamtlich Auskünfte über Fragen des **Schallschutzes** erteilen:

Aachen	02 41	2 64 66	
Baden-Baden	0 72 21	2 22 11	(Recht)
Berlin	0 30	3 01 56 44	
Düsseldorf	02 11	4 54 18 18	
	02 11	13 38 21	(Recht)
Essen	02 01	77 00 86	
Fellbach	07 11	58 04 74	
Frankfurt	0 69	77 50 62	
Hamburg	0 40	66 07 64	
Koblenz	02 61	3 64 05	
Köln	02 21	84 16 71	
Krefeld	0 21 51	4 39 34	
Mühlheim	02 08	42 96 43	
München	0 89	15 59 17	
Mörfelden	0 61 05	7 22 38	(Fluglärm)
Oldenburg	04 41	7 98 82 01	
Rheine	0 59 71	8 44 88	
Solingen	0 21 22	5 03 83	
Wolfenbüttel	0 53 31	7 29 40	

B

Darüber hinaus können von den Industrie- und Handelskammern die Anschriften von öffentlich bestellten, vereidigten Sachverständigen erhalten werden, die gegen Gebühr bei Fragen des Schallschutzes beraten.
→ **Lärmfindex, Lärmgutachten, Lärmschutztelefone, Umweltbundesamt, Verbraucherinformationen**

Betriebsweise → Fahrverhalten

Berufskrankheit → Lärmschwerhörigkeit

Beugung (von Schallwellen)

Phänomen, bei dem Schallwellen, die auf ein Hindernis auftreffen, auch in Bereiche eindringen, zu denen keine Sichtverbindung besteht. Durch die Schallwellen-B. wird z.B. die Wirkung von **Lärmschutzwänden** beeinträchtigt.
→ **Ausbreitung, Brechung**

Beurteilungspegel

Um festzustellen, ob von **Geräuschen** negative Wirkungen ausgehen, reicht es im allgemeinen nicht aus, den mittleren **Schalldruck**pegel (**Mittelungspegel**) zu erfassen.
Zu einer besseren Beurteilung müssen z.B. Dauer, Zeitpunkt und Häufigkeit des Auftretens, **Frequenzzusammensetzung**, gegebenenfalls auch Auffälligkeit (**Impulshaltigkeit, Tonhaltigkeit**) Ortsüblichkeit sowie Art und Betriebsweise der Geräuschquelle erfaßt werden.
Werte, die diese Geräuscheigenschaften berücksichtigen, werden B. genannt.
Die Einzelheiten hierzu sind in Verwaltungsvorschriften (z.B. **TA-Lärm**) und Regelwerken (z.B. DIN 45 645, Teil I, VDI 2058, Blatt 1) enthalten.
→ **Geräuschmessung, Frequenzbewertung, Zeitbewertung**

Bewertetes Schalldämmaß

R (dB) Maß zur Kennzeichnung der **Schalldämmung** von Bauteilen. Die Berechnung des B.S. erfolgt nach der DIN 52 210.
→ **Einfügungs-Dämmaß**

B

Bewertungskurve → Frequenzbewertung

Bluthochdruck

(Hypertonie) Zeitweilige oder dauernde Erhöhung des Blutdrucks. Der Blutdruck wird in Millimeter Quecksilber (mmHg) bei Anspannung bzw. Erschlaffung des Herzmuskels gemessen.

Nach Angaben der Weltgesundheitsorganisation (WHO) sind Werte bis zu 140/90 mmHg normal.

Bis zu 160/95 mmHg spricht man von leichtem B.

Dauerhafte höhere Werte gelten als krankhaft und bergen ein erhöhtes Risiko für Herzinfarkte, Schlaganfälle und Nierenkomplikationen.

Im Auftrag des **Umweltbundesamt**es durchgeführte Untersuchungen haben gezeigt, daß dauernde **Lärm**belastungen das Risiko für B. erhöhen können.

Besonders gefährdet sind Personen, in deren Familien bereits Bluthochdruck-Erkrankungen aufgetreten sind.

→ **Gesundheitsgefährdung**

Brechung (von Schallwellen)

Richtungsänderung des **Schall**strahles. Eine B. tritt auf, wenn **Schall** unter schrägem Winkel auf eine Grenzfläche zwischen zwei Medien oder Schichten unterschiedlicher Schallgeschwindigkeit fällt.

→ **Ausbreitung**

Bremsgeräusche

Von der Bremsanlage und den Reifen eines **Kraftfahrzeuges** erzeugte **Geräusche**.

Das für das menschliche Ohr unangnehme „Quietschgeräusch" wird durch Reibschwingungen zwischen Bremsbelag und Bremsscheibe, bzw. Bremstrommel, hervorgerufen und kann vom Fahrer praktisch nicht beeinflußt werden.

Durch Gleichheit der einzelnen Bremsbelagsqualitäten an allen Rädern läßt sich das B. verringern. Durch vorausschauende Fahrweise ist Reifenquietschen vermeidbar.

→ **Reifen-Fahrbahn-Geräusch**

B

Beteiligung der Bürger an der Bauleitplanung | BERLIN

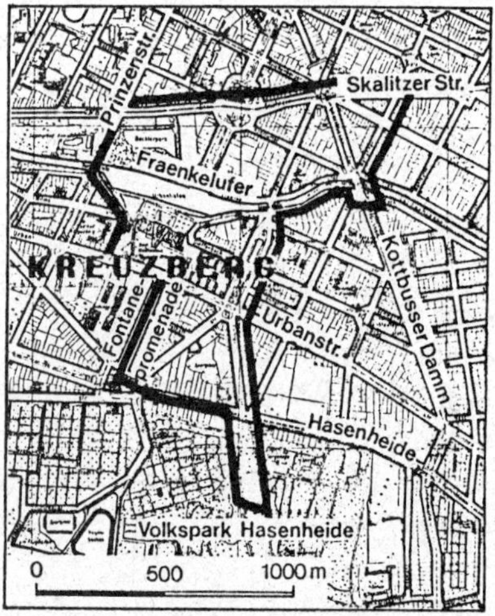

Der Entwurf des 23. Änderungsplanes vom 22. Mai 1981 zum Flächennutzungsplan von Berlin vom 30. Juli 1965 für den Bereich zwischen Gitschiner Straße, Skalitzer Straße, Mariannenstraße, Planufer, Grimmstraße, Fichtestraße, Hasenheide, Südstern, Fontanepromenade, Urbanstraße, Geibelstraße, Carl-Herz-Ufer und Prinzenstraße sowie für einen ca. 70 m breiten und ca. 300 m langen Streifen südlich der Hasenheide, etwa entlang der östlichen Grenze des Standortfriedhofes Lilienthalstraße in den Bezirken Kreuzberg und Neukölln wird gemäß § 2 a Abs. 6 des Bundesbaugesetzes öffentlich ausgelegt.

Die Änderung des Flächennutzungsplanes hat im wesentlichen die Herausnahme der bisher geplanten Autobahn nördlich der Hasenheide zum Inhalt. Dadurch kann die vorhandene Stadtstruktur in diesem Gebiet weitgehend erhalten bleiben. Durch die Internationale Bauausstellung Berlin GmbH (IBA) wird in Verbindung mit Sanierungsmaßnahmen besonders im Bereich nördlich des Landwehrkanals eine Verbesserung der Wohnverhältnisse und der sozialen Infrastruktur eingeleitet.

Während der öffentlichen Auslegung können zum Entwurf des 23. Änderungsplanes Bedenken und Anregungen vorgebracht werden. Diese sind in die Abwägung der öffentlichen und privaten Belange gegeneinander und untereinander einzubeziehen.

Ort:

Senator für
Stadtentwicklung und Umweltschutz
– Abteilung II –
Württembergische Straße 6-10
1000 Berlin 31
Zimmer 1616/1617
Telefon: 867-4785 (Durchwahl)

Zeit:

Vom 8. März 1982 bis einschließlich 8. April 1982, Montag bis Freitag 8.30 bis 16.00 Uhr sowie nach telefonischer Vereinbarung.

Gleichzeitig kann der Entwurf des 23. Änderungsplanes in den Bezirksämtern Kreuzberg, Abteilung Bauwesen – Stadtplanungsamt –, Yorckstraße 4-11, 1000 Berlin 61 und Neukölln, Abteilung Bauwesen – Stadtplanungsamt –, Karl-Marx-Straße 83, 1000 Berlin 44, während der Dienststunden eingesehen werden.

Beispiel für eine Bürgerbeteiligung

Bürgerbeteiligung

Beteiligung von Bürgern an bestimmten Planungen. Die B. kann sich u. a. in Form von Einwendungen, Beiräten, Bürgerversammlungen, Bürgerentscheiden und Bürgerbegehren äußern. Das Städtebauförderungsgesetz (§§ 8, 9) sieht eine Anhörung von Planungsbetroffenen vor. Im Bundesbaugesetz (§ 2a) ist eine B. an **Bauleitplanung** durch frühzeitige Offenlegung und Anhörung vorgesehen. Nach dem **Bundes-Immissionsschutzgesetz** (§ 10) hat jeder betroffene Bürger das Recht, im Rahmen des Genehmigungsverfahrens für die Errichtung und den Betrieb genehmigungsbedürftiger Anlagen Einwendungen zu erheben.

→ **Umweltverträglichkeitsprüfung, Verkehrsplanung**

Büromaschinen

In **ETS**-Richtlinien sind für B. **Schalleistungspegel** (**Emissionswerte**) angegeben:

Schreibmaschinen	67– 78 dB (A)
Vervielfältigungsmaschinen	79–100 dB (A)
Bürokopiergeräte	60– 74 dB (A)
Abrechnungsmaschinen und Registrierkassen	71– 79 dB (A)
Postbearbeitungsmaschinen	69– 92 dB (A)

Diese Werte sind auch unter Berücksichtigung von Maßnahmen der Raum**akustik** unzumutbar.
Auf dem Markt werden zwischenzeitlich wesentlich leisere Maschinen angeboten (Typenradschreibmaschinen mit 61 dB (A), elektronische Registrierkassen mit 52–53 dB (A)).

→ **Arbeitsplatzlärm, Schalleistungspegel**

Bundes-Immissionsschutzgesetz

Das Gesetz zum Schutz vor schädlichen Umwelteinwirkungen durch Luftverunreinigungen, **Geräusche**, **Erschütterungen** und ähnliche Vorgänge (Bundes-Immissionsschutzgesetz – BImSchG) vom 15. 3. 1974 (BGBl I S. 721, 1193) zuletzt

B geändert durch Gesetz vom 24. 4. 86 (BGBl I S. 560), ist zusammen mit den darauf gestützten Rechtsverordnungen und Verwaltungsvorschriften das zentrale bundeseinheitliche Vorschriftensystem zur **Lärm**bekämpfung. Es enthält u. a. Bestimmungen über die Errichtung und den Betrieb umweltgefährdender Anlagen, die einem **Genehmigungsverfahren** mit Beteiligung der Öffentlichkeit oder einem vereinfachten Genehmigungsverfahren unterworfen sein können, aber auch bestimmte Anforderungen erfüllen müssen, wenn sie nicht genehmigungsbedürftig sind. Für bestimmte Anlagen ist die Bestellung eines **Immissionsschutzbeauftragten** vorgeschrieben. Das BImSchG ermächtigt die Länder, durch Rechtsverordnung besonders schutzbedürftige Gebiete auszuweisen. Zur Erfüllung von Verpflichtungen aus zwischenstaatlichen Vereinbarungen oder bindenden Beschlüssen der Europäischen Gemeinschaften ermächtigt es zum Erlaß der erforderlichen Rechtsvorschriften. Das BImSchG enthält auch Ermächtigungen zum Erlaß von Rechtsverordnungen über Beschaffenheit und Betrieb von Fahrzeugen, die zum Teil im Zusammenhang mit verkehrsrechtlichen Vorschriften (z. B. **Straßenverkehrs-Ordnung**, **Straßenverkehrs-Zulassungs-Ordnung**) Lärmschutzanforderungen für Fahrzeuge festlegen. Darüber hinaus enthält das BImSchG Bestimmungen über den Lärmschutz beim Bau oder der Änderung von Straßen und Schienenwegen.

→ **Baulärm, Baustellen, Bürgerbeteiligung, EG-Richtlinie, genehmigungsbedürftige Anlagen, Grenzwerte, Lärmgutachten, Lärmverordnungen, Rasenmäherverordnung, Regelwerke, Stand der Technik, Technische Anleitung zum Schutz gegen Lärm**

D **Dämmung → Schalldämmung**

Dämpfung → Schalldämpfung

Dauerschallpegel → Schallpegel

D

Deutscher Arbeitsring für Lärmbekämpfung → Beratungsstellen

Dezibel

(dB) Rechenvorschrift zur Bestimmung von **Geräuschpegeln** (**Schalldruck**pegeln). Die dB-Skala ist logarithmisch aufgebaut. In vielen Fällen wird die Angabe in dB um Angaben zur **Frequenzbewertung** und/oder zur **Zeitbewertung** ergänzt.

Die Rechenvorschrift zur Bestimmung von dB-Werten für Schalleistungen lautet:

$$L_P = 10 \lg \frac{P}{P_o} \text{ in dB}$$

mit P = Schalleistung
P_o = Bezugsschalleistung (10^{-12} Watt)

DIN → Regelwerke

Diskotheken

Die von D. verursachten **Geräusche** können wegen ihrer Lautstärke irreparable **Gehörschädigungen** für die Beschäftigten sowie erhebliche **Belästigungen** für die Nachbarschaft hervorrufen. Hauptgründe dafür sind überdimensionierte Verstärker-Lautsprecher-Kombinationen, ungünstige Aufstellung oder Aufhängung sowie Verteilung der Lautsprecher innerhalb der Räume und unzureichende Schallabschirmung der Betriebsräume sowie das Lärmen an- und abfahrender Gäste. In Niedersachsen und Rheinland-Pfalz bestehen Spezialregelungen für Diskotheken, die

- auf die **DIN-Norm** 4109 (Schallschutz im Hochbau) verweisen,
- Maßnahmen fordern, daß in angrenzenden Wohnräumen nach dem Meß- und Beurteilungsverfahren der **VDI-Richtlinie** 2058 Blatt 1 ein Immissionsrichtwert von 35 dB(A) am Tage bzw. 25 dB(A) nachts nicht überschritten wird, und
- angelehnt an die Lärmwerte der **Arbeitsstättenverordnung** und der **Unfallverhütungsvorschrift Lärm** am Arbeitsplatz der Bediensteten die Einhaltung eines maximalen **Beurteilungspegels** von 85 dB(A) bzw. 90 dB(A) verlangen.

D

In Rheinland-Pfalz sind die Behörden angewiesen, sich bei der Beurteilung des Lärms für die Nachbarschaft an der **Technischen Anleitung Lärm** zu orientieren und eine auch kurzfristige Überschreitung des Richtwertes für die Nacht um mehr als 20 dB (A) zu unterbinden. Der Lärm an- und abfahrender Gäste von Diskotheken ist hinzuzurechnen. Im Saarland müssen Vorsorgemaßnahmen getroffen werden, wenn der **Beurteilungspegel** an mehr als 5 % der Tage oder Nächte eines Jahres die **Immissions**richtwerte der VDI-Richtlinie 2058 Blatt 1 überschreitet.

Als wirksam hat sich der Einbau eines plombierten Schallpegelbegrenzers vor dem Endverstärker der Musikanlage erwiesen; nach Erfahrungen der Staatlichen Gewerbeaufsichtsämter in Nordrhein-Westfalen wird durch den Einbau moderner Schallpegelbegrenzer die Tonwiedergabequalität nicht negativ beeinflußt.

→ **Freizeitlärm, Gaststättenlärm, Lärmschwerhörigkeit, Wohnlärm**

Drosselmotor

Motorkonzept, bei dem der Hubraum vergrößert und die Drehzahl reduziert wird. (Beispiel: RENAULT R 4 GTL). Bei diesem Konzept ist ohne Leistungsverlust eine Reduzierung des **Motorengeräusches** möglich. D. haben im allgemeinen auch einen günstigeren Kraftstoffverbrauch.

→ **Kraftfahrzeug**

E

EG-Richtlinie

EG-R. sind eines der Instrumente, die dem Rat und der Kommission der Europäischen Gemeinschaften zur Erfüllung ihrer Aufgaben nach Maßgabe des Vertrages zur Gründung der Europäischen Wirtschaftsgemeinschaft vom 25.3.1957 zur Verfügung stehen. Zu diesen Aufgaben gehört die Beseitigung von Handelshemmnissen, die den Wettbewerb innerhalb des Gemeinsamen Marktes verfälschen oder das ordnungsgemäße Funktionieren dieses Marktes behindern können. Die EG-R. sind nach Art. 189 des EWG-Vertrages für jeden Mitgliedstaat, an den sie gerichtet werden, hinsichtlich des zu erreichenden Ziels verbindlich, überlassen jedoch den innerstaatlichen

Stellen die Wahl der Form und der Mittel. Sie müssen also mit den rechtlichen Instrumenten der Mitgliedstaaten in nationales Recht umgesetzt werden: Hierfür kommen in der Bundesrepublik Deutschland Gesetze, Rechtsverordnungen und Verwaltungsvorschriften in Betracht. Für den Bereich des Lärmschutzes bedeutsame Richtlinien sind

- Richtlinie über Schallzeichen von Kraftfahrzeugen (1970),
- Richtlinie über Bestandteile und Merkmale von Land- oder forstwirtschaftlichen Zugmaschinen (1974),
- Richtlinie über zulässige Geräuschpegel und Auspuffvorrichtungen von Kraftfahrzeugen (1970, zuletzt angepaßt 1981)
- Richtlinie zur Angleichung der Rechtsvorschriften der Mitgliedsstaaten betreffend die Ermittlung des Geräuschemissionspegels von Baumaschinen und Baugerät (1984)
- Richtlinie über den zulässigen Geräuschpegel und die Auspuffanlage von Krafträdern (1978)
- Richtlinie zur Verringerung der Schallemissionen von Unterschalluftfahrzeugen (1979), zuletzt geändert 1983)
- Richtlinie über Schutz vor Lärm am Arbeitsplatz (1986)

Auf dem Gebiet des **Baulärms** sind seit 1984 für die Gerätegruppen Motorkompressoren, Turmdrehkräne, Schweißstromerzeuger, Kraftstromerzeuger, Betonbrecher sowie Abbau-, Aufbruch- und Spatenhämmer Richtlinien des Rates zur Angleichung der Rechtsvorschriften der Mitgliedsstaaten betr. der zulässigen **Schalleistungspegel** erlassen worden. Für **Rasenmäher** gibt es ebenfalls seit 1984 eine entsprechende Richtlinie.
Erlassene EG-R. werden im Amtsblatt der EG Teil L, vorgeschlagene EG-R. im Amtsblatt der EG Teil C veröffentlicht.

→ **Bundes-Immissionsschutzgesetz, Umweltverträglichkeitsprüfung**

Einfügungs-Dämm-Maß

Das E. gibt an, um wieviel **Dezibel** der **Schalldruckpegel** an einem Meßpunkt sinkt, wenn bestimmte Minderungsmaßnahmen (z. B. **Schalldämpfer, Kapselung**) ergriffen wurden.

→ **Bewertetes Schalldämmaß**

E

Einhausung

Bauliche Maßnahme, bei der die Schallquelle mit einem Gebäude umgeben wird.

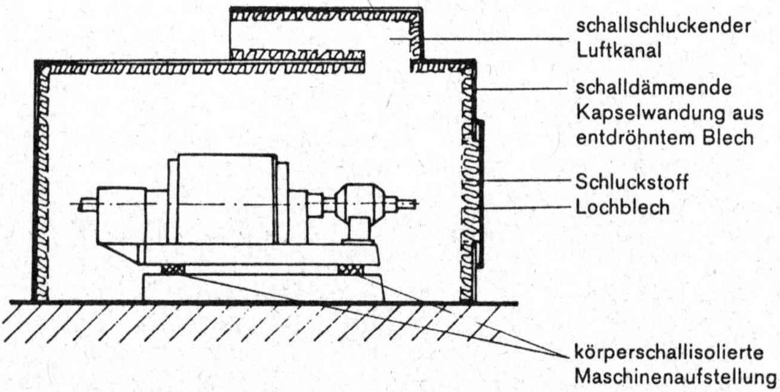

Beispiel für lärmmindernde Maschinenkapselung
Quelle: Hess. Ministerium für Landesentwicklung, Umwelt, Landwirtschaft und Forsten

Mit der E. können sowohl ganze Fertigungsstraßen, wie auch einzelne Aggregate (z.B. Pumpstationen) umschlossen werden. Der Aufwand für eine E. kann erheblich sein, mit ihr läßt sich jedoch jede beliebig hohe **Schalldämmung** erreichen.
Zu beachten sind jedoch Probleme der Wartung, Lüftung und Betriebssicherheit.

→ **Kapselung, baulicher Schallschutz**

Eisenbahn

Der meiste Lärm wird bei der E. durch das Abrollen der Räder (**Rad-Schiene-Geräusch**) erzeugt. Brems- und Anfahrgeräusche sind im Mittel nicht lauter als die Geräusche eines durchfahrenden Zuges. Das Rad-Schiene-Geräusch steigt stark an mit der Geschwindigkeit des Zuges. Eine Verdopplung der Geschwindigkeit erhöht den Vorbeifahrtpegel (Spitzenpegel) des Zuges um 9 dB(A).

→ **Schienenverkehrslärm, Straßenbahn**

Tabelle: Lärmwerte in 25-m-Abstand vom Gleis für übliche Züge der Deutschen Bundesbahn

Zuggattung	Geschw. (km/h)	Zuglänge (m)	Spitzenpegel bei Vorbeifahrt dB(A)	Mittelungspegel Lm*** dB(A)	entspricht einem Mittelungspegel von
TEE/IC/	160	200	94	65	
D-Züge*	100	200	88	61	250 PKW/h
TEE/IC/	200	200	87	57	
D-Züge**	100	200	78	51	25 PKW/h
Nahverkehrszüge*	100	100 (150)	87	57 (59)	100 PKW/h
S-Bahn-Züge** (Triebwagen)	100	190	77	50	20 PKW/h
Güterzüge	100	700	87	65	50 PKW/h
	50	450 (700)	78	57 (59)	

* herkömmliche Züge (mit Klotzbremse)
** neuartige Züge (mit Scheibenbremse)
*** bezogen auf einen Zug pro Stunde

Elektrofahrzeuge

Fahrzeuge, deren Antriebsquelle ein Elektromotor ist, der durch Batterien oder Oberleitung (z.B. Oberleitungsbus) mit Energie versorgt wird. Vorteile des Elektroantriebs sind die geringe **Lärm**entwicklung sowie die Schadstoffreiheit am Fahrzeug (unter Umständen aber Schadstofferhöhung bei der Energieproduktion). E. können vor allem bei **öffentlichen Personennahverkehr** in Ballungsräumen zur Umweltentlastung beitragen.
Bei **Personenkraftwagen** spielt der Elektroantrieb wegen der ungelösten Energiespeicherungsprobleme bisher keine Rolle. Für einen Einsatz in lärmempfindlichen Gebieten (z.B. Kurstädten) werden derzeit E. der **Mofa**- und **Moped-/Mokick**-Klasse entwickelt.

E

Emission

Bezeichnet im Bereich des **Lärmschutzes** den von einer oder mehreren Schallquellen abgestrahlten **Schall**. Unter **Immission** wird hingegen das Einwirken des Schalls auf ein Gebiet oder einen Punkt des Gebietes (z.B. Schalleinwirkungen einer Straße auf die umgebende Bebauung oder die Anwohner) verstanden.

Lärm-Emissionen sind die von einer Quelle ausgehenden Geräusche (z.B. Auspuffgeräusch eines Autos).
Quelle: Der Bundesminister für Verkehr

Emissionskennwerte technischer Schallquellen

(ETS) Das Deutsche Institut für Normung (DIN) und der Verein Deutscher Ingenieure (VDI) veröffentlichen im Rahmen eines Gemeinschaftsausschusses **Geräusch**werte (**Schallleistungs**pegel) für auf dem deutschen Markt erhältliche Geräte.

Die veröffentlichten Kennwerte sollen einen Überblick über die von diesen Geräten ausgehenden Geräusche geben.

Zur Zeit gibt es solche Kennwerte unter anderem für **Büromaschinen**, **Haushaltsgeräte**, Holzbearbeitungsmaschinen, Kompressoren, Hand**kettensägen**, Pumpen, Werkzeuge.
Die ETS sind nicht immer zuverlässig, da es zum Teil bereits leisere Geräte auf dem Markt gibt, die in den ETS nicht erfaßt sind.

→ **Kennzeichnung, Produktinformation, VDI-Lärmreport.**

Emissionsrichtwerte → Baustellen

Entschädigung bei Lärm

Eine Entschädigung für Lärm kann in Betracht kommen auf der Grundlage des

- Bundesfernstraßengesetzes. Im **Planfeststellungs**beschluß über den Bau oder die wesentliche Änderung einer Bundesfernstraße sind dem Träger der Straßenbaulast Lärmschutzmaßnahmen (z.B. **Lärmschutzwände, -wälle**) aufzuerlegen. Ein Entschädigungsanspruch ist gegeben, wenn die Lärmschutzmaßnahmen mit dem Vorhaben unvereinbar sind oder ihre Kosten außer Verhältnis zu dem angestrebten Schutzzweck stehen. Diese Regelung gilt auch für Versuchsanlagen des Bundes für den spurgeführten Verkehr; ähnliche Möglichkeiten bestehen nach einigen Landesstraßengesetzen.
- **Bundes-Immissionsschutzgesetzes.** Beim Bau oder der wesentlichen Änderung von Straßen und Schienenwegen ist der Verkehrslärm auf das nach dem **Stand der Technik** mögliche Mindestmaß zu beschränken; dies kann unterbleiben, wenn Kosten der Schutzmaßnahmen unverhältnismäßig hoch sind. Werden durch den Verkehrslärm **Immissionsgrenzwerte** überschritten, hat der Eigentümer der Baulichen Anlage gegen den Träger der Straßenbaulast einen Entschädigungsanspruch in Geld für notwendige Schallschutzmaßnahmen (z.B. **Schallschutzfenster**). Bisher sind die zu diesem Zweck notwendigen **Immissions**grenzwerte nicht festgesetzt.
- **Fluglärmgesetzes.** Aufwendungen für **baulichen Schallschutz** werden bis zu bestimmten Höchstbeträgen erstattet. (Auch nach dem Bundesbaugesetz ist unter bestimmten Voraussetzungen eine Entschädigung möglich).

E

– Bürgerlichen Gesetzbuches. Der Bundesgerichtshof hat für notwendige Schallschutzeinrichtungen auf einem von unzumutbarem Lärm beeinträchtigten Grundstück einen Geldausgleich zugestanden; eine Entschädigung für einen Wertverlust des Grundstücks (Enteignungsentschädigung) hat er jedoch nur für den Fall als berechtigt akzeptiert, daß Schallschutzmaßnahmen nicht möglich oder unverhältnismäßig teuer sind und die zugelassene Nutzung des Straßengrundstücks die vorgegebenen Grundstückssituation nachhaltig verändert und dadurch das benachbarte Wohnungseigentum schwer und unerträglich trifft.

Erschütterungen

Mechanische Schwingungen, die wegen ihrer physikalischen Verwandtschaft und der zum Teil gleichen Problematik in engem Zusammenhang mit **Lärm** gesehen werden. E. werden durch technische Anlagen und von schweren **Lastkraftwagen** und Schienenfahrzeugen verursacht. Sie sind meist nur bis zu einigen 100 m Abstand von der Quelle von Bedeutung. Zur Zeit ist nicht bekannt, welcher Anteil der Bevölkerung von E. betroffen und wie stark diese als Beeinträchtigung empfunden werden.
E. können auch Schäden an Bauwerken hervorrufen. E. können im allgemeinen nur an der Quelle bekämpft werden (z.B. durch **Schwingungsisolation**), da andere Maßnahmen zu aufwendig sind. Zur Beurteilung von E. werden zur Zeit die VDI-Richtlinie 2057 und die DIN Norm 4150 herangezogen.
→ **Schienenverkehrslärm**

ETS → Emissionskennwerte technischer Schallquellen

F

Fahrgemeinschaft

Gegenseitige Mitnahme von Arbeitskollegen zur Arbeitsstätte im privaten Personenkraftwagen. Durch die Organisation einer F. werden durch die Verringerung des Verkehrsaufkommens der Verkehrsfluß beschleunigt, die Fahrzeiten verkürzt, die Umweltbelastung gesenkt und die Fahrkosten für den Einzelnen erheblich reduziert.

F

Fahrgeräusche

Von **Kraftfahrzeugen** ausgehende Geräusche, die sich hauptsächlich aus Antriebsgeräuschen (**Motorgeräusch**, sowie Ansaug- und **Auspuffgeräusch**) und dem **Reifen-Fahrbahn-Geräusch** zusammensetzen.

F. sind von der Geschwindigkeit und der **Gangwahl** abhängig. Damit ist der auftretende Lärm nicht nur von der Technik des Fahrzeuges, sondern auch vom **Fahrverhalten** abhängig. Antriebsgeräusche hängen in erster Linie von der Drehzahl des Motors, Reifen-Fahrbahn-Geräusche von der Geschwindigkeit des Kraftfahrzeuges und der Beschaffenheit der Fahrbahn ab. Für Personenkraftwagen gilt im allgemeinen, daß im ersten und zweiten Gang die Antriebsgeräusche überwiegen, im dritten Gang beide Geräuschquellen etwa gleich laut sind und im vierten Gang das Reifen-Fahrbahn-Geräusch überwiegt. Der in den Fahrzeugpapieren eingetragene Meßwert für das Fahrgeräusch, wird nach einem international einheitlichen **Meßverfahren** ermittelt. Dieser Wert darf vorgeschriebene **Grenzwerte** für die einzelnen Fahrzeugkategorien nicht überschreiten.

→ **Anlassergeräusch, Bremsgeräusch, Gangwahl, Gaswechselgeräusch, Karosseriegeräusch, Kavalierstart, Straßenverkehrslärm**

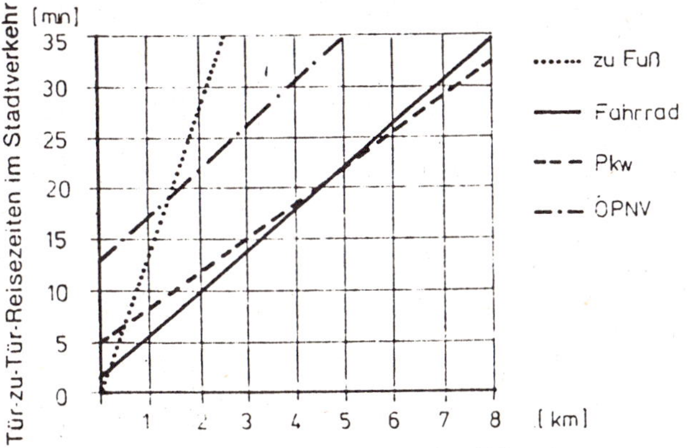

Bei Entfernungen bis 5 km: Schneller mit dem Fahrrad.

F

Fahrrad

Der Fahrradverkehr ist eine der umweltfreundlichsten Verkehrsarten. Ein verstärkter Einsatz des F. kann insbesondere in den Innenstädten zu einer deutlichen Entlastung der Umweltsituation führen.

Im Bereich des Nahverkehrs sind rd. 40% aller Autofahrten kürzer als 3 km. Viele dieser Wege könnten auch mit dem F. zurückgelegt werden.

Es werden aber nur dann mehr Mitbürger bereit sein das Fahrrad zu benutzen, wenn die Bedingungen für den Fahrradverkehr insgesamt verbessert werden (z.B. durch den Ausbau des Radwegenetzes).

Fahrverbote → Straßenverkehrs-Ordnung

Fahrverhalten

Die **Lärmemission** eines **Kraftfahrzeuges** hängt neben der Technik des Fahrzeuges vor allem vom F. ab. Der Einfluß des F. ist

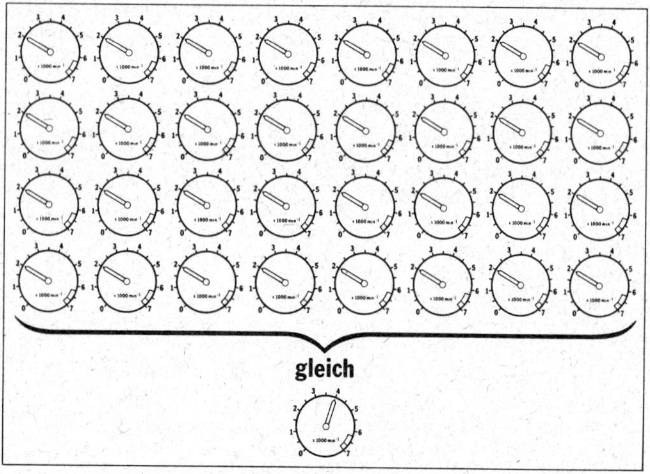

Kaum zu glauben, aber wahr: 32 Autos mit je 2000 Umdrehungen sind so laut wie ein einziges Auto mit 4000 Umdrehungen.
Quelle: ADAC

in den einzelnen Fahrzeugkategorien jedoch unterschiedlich groß. **Mofa** und **Moped** fahren im Stadtverkehr meist mit ihrer bauartbedingten Höchstgeschwindigkeit, Kleinkrafträder und Lastkraftwagen werden auf Grund der Leistungscharakteristik bzw. notwendigen Fahrleistung meist im Bereich der Nenndrehzahl betrieben. In diesen Kategorien ist der Einfluß des Fahrverhaltens relativ gering. Dagegen verfügen **Personenkraftwagen** und noch mehr die **Motorräder** über eine sehr viel höhere Motorleistung, als dies im Stadtverkehr notwendig ist. So kann z. B. ein rücksichtsloser Autofahrer soviel Lärm verursachen wie zehn umweltbewußte Autofahrer, die ihr Fahrzeug durch entsprechende Gangwahl mit niedrigen Drehzahlen lärmarm betreiben. Durch eine lärmarme Fahrweise läßt sich außerdem Kraftstoff sparen. Der ADAC hat in Zusammenarbeit mit dem **Umweltbundesamt** hierzu eine ausführliche Broschüre herausgebracht (ADAC Information Nr. 16 „Leise fahren – Kraftstoff sparen").

→ **Fahrgeräusche, Kavalierstart, Motorgeräusch**

Fenster → Altbaufenster, Schallschutzfenster

Fernsehen → Unterhaltungselektronik

Flächennutzungsplan

Vorbereitender **Bauleitplan** für ein gesamtes Gemeindegebiet. Bei der F. ist der **Schallschutz** bei der Zuordnung der Flächen unterschiedlicher Nutzungen zu berücksichtigen. Damit kann auf den Standort neuer störender Anlagen im Stadtgebiet eingewirkt werden. Es können auch zusätzliche Angaben, insbesondere über Maßnahmen des Schallschutzes, die der Festsetzung im **Bebauuungsplan** bedürfen, aufgenommen werden.

Flugbetrieb

Im zivilen Luftverkehr unterscheidet man zwischen gewerblichem Luftverkehr, der überwiegend mit **Strahlflugzeugen** abgewickelt wird und nichtgewerblichem Luftverkehr. Pro Jahr werden im Luftraum der Bundesrepublik Deutschland ca. 840 000 Flugbewegungen im gewerblichen Luftverkehr und ca. 1 300 000 Flüge mit Motorflugzeugen (meist **Propeller-Leichtflugzeugen**) im nichtgewerblichen Luftverkehr durchgeführt. Zu diesen Flügen kommen noch ca. 1 200 000 Flugbewegungen mit Segelflugzeugen. Auf der geringen Fläche der Bundesrepublik Deutschland ergibt sich hierdurch ein äußerst dichter Flugverkehr. Neben dem zivilen Flugbetrieb operieren noch die militärischen Luftfahrzeuge der Bundeswehr und der Alliierten, die insgesamt ca. 500 000 Flugbewegungen umfassen und bei **Tiefflügen** und **Überschallflügen** erhebliche **Belästigungen** hervorrufen.

Eine Minderung des **Fluglärms** läßt sich durch Maßnahmen an der Quelle, durch **lärmmindernde Start- und Landeverfahren** und durch die Wahl optimaler Flugroutenführung erreichen. Jedoch ist an vielen Flughäfen diese Möglichkeit auf Grund der relativ dichten Besiedlung der Flughafenumgebung und aus Sicherheitsgründen erheblich eingeschränkt.

→ **Flugbetriebsbeschränkungen**

Flugbetriebsbeschränkungen

Um die von Sportfliegern verursachten Lärm**belästigungen** zu verringern, hat die Bundesregierung Zulassungsvorschriften bzw. Lärm**grenzwerte** für Leichtflugzeuge und Motorsegler erlassen. Darüber hinaus wurde durch die Verordnung über die zeitliche Einschränkung des Flugbetriebes mit Leichtflugzeugen und Motorseglern an Landeplätzen vom 16. 8. 1976 (BGBl I, S. 2216) versucht, durch F. eine Verbesserung der Lärmsituation zu erreichen.

Die Verordnung gilt für Flugzeuge bis zu 2000 kg Höchstgewicht und Motorsegler an Landeplätzen, an denen mehr als 20 000 Starts und Landungen pro Jahr durchgeführt werden. Nach dieser Verordnung sind Platzrundenflüge, Schulflüge, Rund- und Besichtigungsflüge gegen Entgelt, Erlaubnispflichtige Reklameflüge und Flugzeugschleppstarts werktags nur in der Zeit zwischen 7.00 und 13.00 Uhr, sowie 15.00 Uhr bis Sonnenuntergang und sonn- und feiertags nur zwischen 9.00 und 13.00 Uhr gestattet.

Von dieser Regelung sind Leichtflugzeuge, die erhöhte **Schallschutz**anforderungen erfüllen, ausgenommen. Damit soll ein Anreiz geschaffen werden, verstärkt leisere Flugzeuge anzuschaffen, bzw. zu betreiben.

An allen Verkehrsflughäfen in der Bundesrepublik Deutschland bestehen F. für die Nachtzeit. An fast allen Verkehrsflughäfen gibt es für leise Luftfahrzeuge Ausnahmen von diesen

Beschränkungen, ebenfalls ein Anreiz für Kauf und Betrieb leiser Flugzeuge.

→ **Benutzungsvorteile, Propellergetriebene Leichtflugzeuge**

Flughafenplanung

Der Schutz vor Fluglärm beginnt bereits bei der F. Hierzu gehört die Berücksichtigung der Siedlungsplanung in der Flugplatzumgebung sowie die Berücksichtigung **baulicher Schallschutzmaßnahmen** in vorhandenen und geplanten Gebäuden. Möglichkeiten zur Fluglärmminderung durch planerische Maßnahmen bzw. durch passiven **Schallschutz** sind in der Bundesrepublik Deutschland im **Fluglärmgesetz** verankert. Daneben schreibt das Luftverkehrsgesetz (§ 6 Abs. 2) vor, daß vor Erteilung der Genehmigung eines Flugplatzes zu prüfen ist, ob unter anderem der Schutz vor Fluglärm angemessen berücksichtigt wurde. In der Luftverkehrszulassungsordnung (§ 40) ist darüber hinaus festgelegt, daß zum Antrag auf Erteilung der Genehmigung eines Flughafens auch ein Gutachten eines technischen Sachverständigen über das Ausmaß des Fluglärms (**Lärmgutachten**) und eines medizinischen Sachverständigen über die Auswirkungen des Fluglärms gehört.

Fluglärm

Durch den Einsatz von **Strahl**verkehrs**flugzeugen** (ab 1960) und den stetigen Anstieg des Weltluftverkehrs kam es insbesondere in den dichter besiedelten Gebieten in Flughafennähe zu einer erheblichen Beeinträchtigung der Flughafenanwohner durch F. Auch nach der Einführung leiserer Flugzeuge, ist F. nach wie vor ein ernstzunehmendes Problem. Das liegt überwiegend daran, daß zum einen der Anteil leiserer Luftfahrzeuge an den gesamten Flugbewegungen noch relativ gering ist. Zum anderen ist in der Vergangenheit die Besiedlung in der Flugplatznähe noch dichter geworden. In der Bundesrepublik Deutschland fühlen sich gegenwärtig etwa 3–5 Mio. Bewohner zeitweilig oder dauernd durch F. gestört.

→ **Flugbetriebsbeschränkungen, Flughafenplanung, Fluglärmgesetz, Fluglärmkommission, Fluglärmüberwachungsanlagen, lärmmindernde Lande-/Startverfahren, Lärmquellen, Lärmschutzbeauftragter, Lärmschutzbereiche, Regelwerke, Tiefflüge, Überschallflüge**

F

Fluglärmgesetz

Das am 30. 3. 1971 verkündete Gesetz (BGBl I, S. 282) ist eine wichtige Rechtsgrundlage für Bundeseinheitliche Maßnahmen zum Schutz gegen **Fluglärm**, der von Flugzeugen mit Strahltriebwerken ausgeht. Das F. enthält zwei Abschnitte. Der eine Abschnitt ist vor allem der Änderung des Luftverkehrsgesetzes gewidmet. Hier werden u.a. Flugplatzhalter, Luftfahrzeughalter und Luftfahrzeugführer zu umweltgerechtem Verhalten verpflichtet sowie Einrichtung und Betrieb von fortlaufend registrierenden Fluglärm-Meßeinrichtungen und die Bildung von Fluglärmkommissionen an den großen Verkehrsflughäfen vorgeschrieben. Im anderen Abschnitt, der das Kernstück des Gesetzes bildet, ist die Schaffung von **Lärmschutzbereichen** vorgesehen: für alle Verkehrsflughäfen, die dem Fluglinienverkehr angeschlossen sind, und für alle militärischen Flugplätze die dem Betrieb von Flugzeugen mit Strahltriebwerken zu dienen bestimmt sind, werden von dem für den Umweltschutz zuständigen Bundesminister – bei den Verkehrsflughäfen im Einvernehmen mit dem Bundesverkehrsminister, bei militärischen Flugplätzen mit dem des Bundesverteidigungsministers – durch Rechtsverordnung mit Zustimmung des Bundesrates **Lärmschutzbereiche** festgesetzt. Bis jetzt sind an 10 Verkehrsflughäfen und an 34 militärischen Flugplätzen Lärmschutzbereiche geschaffen worden. Alle fünf Jahre wird eine Überprüfung des Lärmschutzbereichs durchgeführt. An 22 Flugplätzen mußte aufgrund dieser Überprüfung der Lärmschutzbereich neu festgesetzt werden. Insgesamt wurden bis heute 56 Rechtsverordnungen zur Festsetzung von Lärmschutzbereichen verkündet. Durch das F. können für bereits bestehende Wohngebäude und schutzbedürftige Einrichtungen wie Schulen, Krankenhäuser, Altenheime u.a. innerhalb der Schutzzone I der Lärmschutzbereiche, Erstattungen für nachträgliche Schallschutzmaßnahmen geltend gemacht werden. Die Aufwendungen an Wohnungen werden bis zu einer Höhe von DM 130,– pro m^2 Wohnfläche erstattet.

Bis Ende 1985 wurden von den Flugplatzhaltern über 755 Mio. DM für **Schallschutz**maßnahmen ausgegeben: an Verkehrsflughäfen für Maßnahmen im Rahmen geltenden Fluglärmrechts 199 Mio. DM und für Maßnahmen ohne unmittelbare rechtliche Verpflichtung 134 Mio. DM, an militärischen

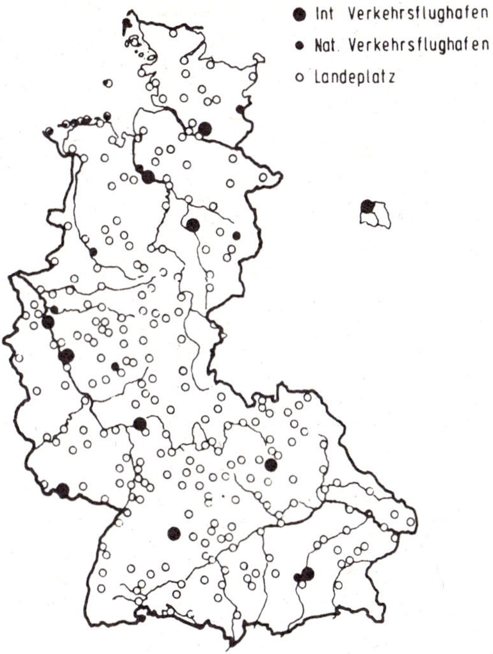

Flugplätze in der Bundesrepublik Deutschland
Stand: 1. 10. 1980
Quelle: Umweltbundesamt

Flugplätzen für Erstattungen für baulichen Schallschutz 246 Mio. DM und für Errichtung von 28 Lärmschutzhallen 182 Mio. DM.

→ **Flughafenplanung, Lärmschutzbereiche**

Fluglärmkommission

Nach dem **Fluglärmgesetz** ist für alle Verkehrsflughäfen, für die **Lärmschutzbereiche** festzusetzen sind, eine F. zu bilden. Die F. dient der Beratung der Genehmigungsbehörde des Flughafens (i.a. Landesluftfahrtbehörde) bei allen Maßnahmen zum Schutze gegen Fluglärm. Der F. sollen angehören: Vertreter der vom Fluglärm in der Umgebung des Flugplatzes betroffenen Gemeinden, der Bundesvereinigung gegen Fluglärm, der Luftfahrzeughalter, der für die Flugverkehrskontrolle zuständigen Behörde, des Flugplatzhalters, der von der Landesregierung bestimmten obersten Landesbehörden sowie weitere speziell zu bestimmende Mitglieder.

Fluglärmüberwachungsanlagen

Das **Fluglärmgesetz** verpflichtet Unternehmer von Verkehrsflughäfen, auf dem Flughafen und in dessen Umgebung Anlagen zur fortlaufend registrierenden Messung der durch die an- und abfliegenden Luftfahrzeuge entstehenden Geräusche einzurichten und zu betreiben.
Die Ergebnisse müssen den Genehmigungsbehörden und der **Fluglärmkommission** mitgeteilt werden. Die F. dienen dazu, vorgeschriebenen und empfohlene Flugstrecken und Flugverfahren in der Umgebung von Verkehrsflughäfen akustisch zu überwachen.

Flugmodelle

F. erzeugen besonders belästigende hochfrequente Geräusche, die zu einer steigenden Zahl von Beschwerden aus der Umgebung von Modellfluggeländen geführt haben. Die Bevölkerung wird aber auch von „wildfliegenden" F. z.B. in Naherholungsgebieten belästigt. Die Lästigkeit wird dadurch noch erhöht, daß F. fast ausschließlich nach Feierabend und an Sonn- und Feiertagen betrieben werden. Durch die Entwicklung von elektromotorischen Antrieben wurde eine große Verbesserung beim Geräuschverhalten der F. erreicht, diese Antriebe bilden zur Zeit aber nur eine Ergänzung zu den Verbrennungsmotoren. Bei den Verbrennungsmotoren lassen sich durch bessere Schalldämpfer, 4-Takt-Motore und Beschränkung der Betriebsdrehzahlen in Verbindung mit höheren Hubräumen Fortschritte erzielen. Zur Minderung der Geräuschbelästigung durch F. ist im Jahre 1978 die „Richtlinie für die Genehmigung der Anlage und den Betrieb von Flugplätzen für Flugmodelle und für die Erteilung der Erlaubnis zum Aufstieg von Flugmodellen" (NfL I – 177/78) herausgegeben worden. In dieser Richtlinie werden **Zulassungsgrenzwerte** für F. festgelegt.

 → **Freizeitlärm**

Forschung und Entwicklung

→ **Altglascontainer, Bluthochdruck, Kehrfahrzeuge, lärmarme Motorfahrzeuge, Lärmschutzkosten, lärmarmes Kleinkraftrad, Lastkraftwagen, Leichtkraftrad, Müllfahrzeuge**

Freizeitlärm

F. ist insbesondere deshalb belästigend, weil er innerhalb der Erholungsphase der Betroffenen auftritt und während dieser Zeit ein deutlich abgesenkter **Schallpegel** erwartet wird. F. kann den Erholungswert deutlich mindern.

→ **Diskotheken, Flugmodelle, Gaststättenlärm, Glockenläuten, Hausgerätelärm, Heimwerker, Klavier, Lärmquellen, Rasenmäherlärm, Schießlärm, Staubsauger-, Wohnlärm**

Frequenz

Anzahl der Schwingungen pro Sekunde, physikalische Einheit: 1 Hertz (Hz) = 1/s

Bei Tönen nimmt die wahrgenommene Tonhöhe mit der F. zu. Das Ohr nimmt Töne im F.bereich von 16 Hz bis 16 000Hz wahr. **Schall** im höheren bzw. tieferen Frequenzbereich wird mit **Ultraschall** bzw. **Infraschall** bezeichnet.

→ **Geräusch, Hörvorgang, Meßgrößen**

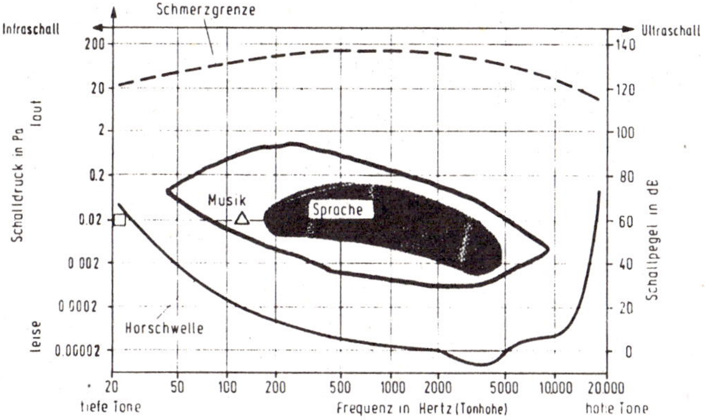

Hörbereich des Menschen
Quelle: Umweltbundesamt

F

Frequenzbewertung

Die Empfindlichkeit des menschlichen Ohres hängt von der **Frequenz** ab. Tiefe und sehr hohe Töne werden bei gleichen Schalldruckpegeln als weniger laut empfunden als Töne mittlerer Frequenz. Dies wird bei **Geräuschmessungen** durch die F. berücksichtigt. So wird z.B. bei der A-Bewertung, die die Empfindlichkeitskurve des Ohres im Bereich niedriger Lautstärken annähernd nachbildet, der Frequenzbereich von 100 Hz um 20 **Dezibel** abgeschwächt, während der Schall im Frequenzbereich von 1000 Hz unbeeinflußt bleibt.
Neben der A-Bewertung gibt es auch eine B-, C- und D-Bewertung. Im Umweltschutz wird fast ausschließlich die A-Bewertung benutzt.

→ **Hörschwelle, Meßgrößen**

Frisieren → Manipulation

Fugendichte → Schallschutzfenster

Fußgängerzonen

Überwiegend in Innenstädten angelegte Bereiche, die für den allgemeinen **Kraftfahrzeug**verkehr gesperrt sind. In F. können **Fußgänger** ungestört einkaufen, bummeln oder sich anderweitig aufhalten, ohne von Kraftfahrzeugen belästigt (**Lärm**, **Abgase**) oder gefährdet zu werden.
Die Qualität von F. hängt entscheidend von der Gestaltung ab: Situationsangepaßte Begrünung und ansprechende Beleuchtung können die Qualität von F. heben. Mit der Einrichtung von F. wird der Kfz-Verkehr in den meisten Fällen nicht vermindert sondern in die benachbarten Stadtgebiete verdrängt. F. sollten deshalb nur im Zusammenhang mit einer flächendeckenden **Verkehrsberuhigung** verwirklicht werden.

G

Gangwahl

Personenkraftwagen und **Motorräder** kann man durch Wahl des **Getriebeganges lärmarm** betreiben.
Wird z.B. ein PKW bei 50 km/h statt im zweiten Gang im vierten Gang betrieben, ist das **Antriebsgeräusch** um ca. 10 dB(A) niedriger, d.h. 10 PKWs erzeugen im vierten Gang dasselbe Antriebsgeräusch wie ein PKW im zweiten Gang.

Beim **Motorrad** sind noch deutlichere Unterschiede bemerkbar. Das Fahren in einem hohen Gang bei niedriger Drehzahl ist nicht nur lärm- und abgasarm, sondern vor allem auch kraftstoffsparend.

→ **Fahrgeräusche, Fahrverhalten, Motorgeräusch**

Garagen → Ruhender Verkehr

Gartengeräte

Viele G. sind laut und belästigen in erheblichem Umfang die Nachbarschaft. Besonders störend sind laute **Rasenmäher**, **Gartenhächsler** und **Motor-Kettensägen**. Beim Kauf solcher Geräte sollte man anhand eines Geräuschtestes den leisen Versionen den Vorzug geben. Leise Rasenmäher erkennt man am **Umweltzeichen**.

Gartenhächsler

Sehr laute Gartengeräte, deren **Schalleistungspegel** zwischen 81 und 99 dB (A) (bei Elektroantrieb) bzw. 101–105 dB (A) (bei Verbrennungsmaschinen) im Leerlauf und 101–110 bzw. 105–112 dB (A) bei Vollast betragen können. Im Auftrag des **Umweltbundesamtes** ist ein inzwischen auf dem Markt angebotener lärmarmer Elektrog. entwickelt worden mit einem **Emission**swert von 92 dB (A). Beim Kauf von G. sollte aufgrund eines Hörtestes ein leises Gerät bevorzugt werden.

Gaststättenlärm

Gaststätten (Schank- und Speisewirtschaften, Beherbergungsbetriebe) unterliegen den Vorschriften des **Bundes-Immissionsschutzgesetzes** (BImSchG) über nicht genehmigungsbedürftige Anlagen und den Bestimmungen des Gaststättengesetzes. Die Pflichten, die dem Betreiber aus dem BImSchG erwachsen, nämlich Beschränkung des Lärms auf das nach dem **Stand der Technik** mögliche Mindestmaß, werden mit den Mitteln des Gaststättengesetzes durchgesetzt, so durch Auflagen, Verkürzung der Sperrzeit und Widerruf der Erlaubnis. Problematisch sind die Ermittlung und die Beurteilung der Geräusch**immissionen**. Für Gaststättenlärm sind **Immissionsgrenzwerte** nicht festgesetzt. Die technischen und baulichen Anforderungen an den **Schallschutz** bei Gaststätten ergeben sich aus dem Bau-

G recht. Hinweise enthält der Entwurf der VDI-Richtlinie 3726 vom November 1981. Zweifelhaft kann sein, ob der Lärm der Zu- und Abfahrt der Gäste auf öffentlicher Straße der Gaststätte zuzurechnen ist (Für eine Zurechnung sprachen sich die Verwaltungsgerichtshöfe in Bayern 1981 und in Baden-Württemberg 1983 aus – dagegen sprach sich das Oberverwaltungsgericht in Berlin im Jahre 1980 aus).
→ **Diskotheken, Freizeitlärm, Wohnlärm**

Gaswechselgeräusche

Geräusche am Ansaugsystem und **Auspuffanlage** von **Kraftfahrzeugen**, die beim Gasgeben bzw. -wegnehmen entstehen.
→ **Fahrgeräusche**

Gehörschädigung

Stärkste **Lärmwirkung**, die bei andauernder Lärmbelastung von mehr als 85 db(A) eintreten kann. Solche Werte können sowohl am **Arbeitsplatz** als auch im **Freizeit**bereich (z.B. bei **Diskotheken, Schießanlagen**) auftreten. Einzelereignisse von mehr als 140 dB (unbewertet) können gehörschädigend wirken.
→ **Gesundheitsgefährdung, Lärmschwerhörigkeit**

Gehörschutz

Schutz des menschlichen Ohrs vor gesundheitsgefährdendem **Lärm**. Als G. eignen sich Watte, Stöpsel, Kapseln und Helme.
Ein G. sollte nicht nur an lärmintensiven Arbeitsplätzen eingesetzt werden, sondern auch bei lärmintensiven Freizeitbeschäftigungen (Hobbyarbeiten, Schießsport usw.)
Mit dem G. läßt sich am Trommelfell eine Pegelminderung zwischen 30 und 40 dB(A) erreichen.
→ **Arbeitsstättenverordnung, Lärmschutz, Unfallverhütungsvorschrift Lärm**

Genehmigungsbedürftige Anlagen

Anlagen, die aufgrund ihrer Beschaffenheit oder ihres Betriebs in besonderem Maße geeignet sind, schädliche Umwelteinwirkungen hervorzurufen oder in anderer Weise die Allgemeinheit oder die Nachbarschaft zu gefährden, erheblich zu benach-

teiligen oder erheblich zu belästigen, unterliegen einem immissionsschutzrechtlichen **Genehmigungsverfahren**. Der Katalog dieser Anlagen ist vollständig und abschließend in der Verordnung über genehmigungsbedürftige Anlagen (4. BImSchV vom 24. 7. 1985 BGBl I S. 1586) festgelegt.
Nicht zu dieser Anlagengruppe gehören Verkehrswege und Flughäfen bzw. -plätze, die nicht eines immissionsschutzrechtlichen Genehmigungsverfahrens, sondern eines straßenrechtlichen **Planfeststellung**sverfahrens, eines Verfahrens der **Bauleitplanung** oder einer luftverkehrsrechtlichen Planfeststellung bzw. Genehmigung bedürfen.
→ **Bundes-Immissionsschutzgesetz**

Genehmigungsverfahren (immissionsschutzrechtliches Genehmigungsverfahren)

Die Verordnung über **genehmigungsbedürftige Anlagen** schreibt vor, in welchen Fällen ein förmliches oder ein vereinfachtes immissionsschutzrechtliches G. durchzuführen ist. Im förmlichen G.

- wird das Vorhaben öffentlich bekanntgemacht,
- werden Antrag und Unterlagen öffentlich ausgelegt,
- werden gegen das Vorhaben erhobene Einwendungen öffentlich erörtert, und
- werden die Behörden zur Stellungnahme aufgefordert, deren Aufgabenbereich berührt wird.

Die Genehmigung kann mit Nebenbestimmungen (Auflagen oder Bedingungen) verbunden werden und schließt andere behördliche Genehmigungen, Zulassungen, Verleihungen, Erlaubnisse und Bewilligungen ein „sog. Konzentrationswirkung“ (außer **Planfeststellungen**, Zulassungen bergrechtlicher Betriebspläne und Zustimmungen sowie behördliche Entscheidungen nach dem Wasser- oder Atomrecht). Auf Antrag können auch eine Teilgenehmigung nur für die Errichtung einer (Teil)anlage bzw. für die Errichtung und den Betrieb von Teilanlagen oder ein Vorbescheid über einzelne Genehmigungsvoraussetzungen oder den Standort erteilt werden. Im vereinfachten G. entfällt die Beteiligung der Öffentlichkeit sowie die Möglichkeit von Teilgenehmigung und Vorbescheid.
Privatrechtliche Abwehransprüche sind in jedem Fall auf dem Rechtsweg vor den ordentlichen Gerichten geltend zu machen.

G

Die Genehmigung wird für die Anlage erteilt und ist von der Person des Betreibers unabhängig. Sie ist zu erteilen, wenn sichergestellt ist, daß schädliche Umwelteinwirkungen nicht hervorgerufen werden können, Vorsorge gegen schädliche Umwelteinwirkungen getroffen ist, Reststoffe vermieden oder ordnungsgemäß verwertet oder als Abfälle beseitigt werden sowie Abwärme nach Möglichkeit genutzt wird und andere öffentlich-rechtliche Vorschriften sowie die Belange des Arbeitsschutzes nicht entgegenstehen.

→ **Abstandserlaß, Baugenehmigungsverfahren, Bürgerbeteiligung, Bundes-Immissionsschutzgesetz, Flughafenplanung, Mindestabstände**

Generalverkehrsplan

Beschreibung der Verkehrssituation und -entwicklung innerhalb einer Gemeinde.

Der G. ist gesetzlich nicht vorgeschrieben, es fehlen entsprechende Vorschriften zur **Bürgerbeteiligung.**

Viele G. berücksichtigen nur den **Kraftfahrzeugverkehr.**

Neuerdings werden jedoch auch der **öffentliche Personenverkehr**, das **Fahrrad**fahren und die Fußwegeplanung im G. zum Teil berücksichtigt.

→ **Straßenplanung, Verkehrsberuhigung, Verkehrsplanung**

Geräusch

Schallereignis, das sich aus mehreren **Frequenz**anteilen mit unterschiedlicher Stärke zusammensetzt.

→ **Lärm**

Geräuschbelastung → Belastung

Geräuschbeurteilung

Überprüfung einer **Geräusch**situation auf Zulässigkeit oder Zumutbarkeit.

Bei der G. wird meist ein Zahlenwert für die Geräuschbelastung mit bestehenden **Grenz-, Richt-** oder **Orientierungswerten** verglichen.

Bei den gebräuchlichen Beurteilungsverfahren bildet die Messung oder Prognose des **Mittelungspegels** den Ausgangspunkt der Beurteilung. Daneben werden die **Impulshaltigkeit, Tonhaltigkeit** oder andere Auffälligkeiten (z.B. extreme Geräusch-

G

spitzen) sowie Zeitpunkt und Ort des Auftretens der Geräusche berücksichtigt.

→ **Frequenz**

Geräuschmessung

Verfahren zur objektiven Beschreibung von **Geräuschen.** I.a. wird bei der G. der **Schalldruckpegel** mit einem Schallpegelmesser bestimmt.

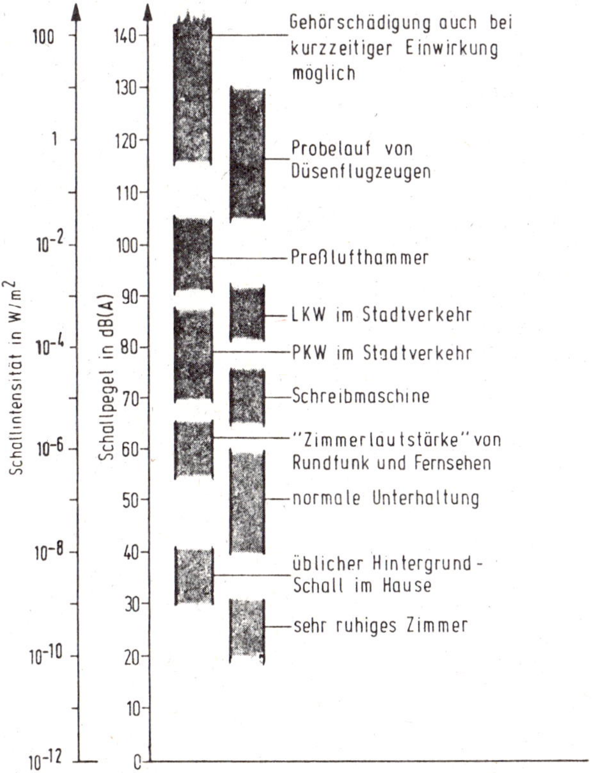

Bereiche üblicher Geräusche
Quelle: Umweltbundesamt

G

G. dienen u.a. der Durchführung von Gesetzen, Verordnungen und Vorschriften im Bereich des **Immissions-** und Arbeitsschutzes, der Typzulassungsprüfung, der Beurteilung von Geräuschemissionen im Einzelfall, der Erhebung zum **Stand der Technik** für bestimmte Gerätearten und zur Beurteilung von Geräuschminderungsmaßnahmen.
Die Vorgehensweise bei G. ist in **Regelwerken** enthalten (z.B. für Immissionsmengen: **TA-Lärm**, allgemeine Verwaltungsvorschrift zum Schutz gegen **Baulärm**, VDI-Richtlinie 2058 Blatt 1, DIN 45 645 Teil 1 – für Emissionsmessungen: DIN 45 635 Teil 1 sowie in verschiedenen Verwaltungsvorschriften zum Schutz gegen Baulärm und im Zulassungsverfahren im Rahmen der **Straßenverkehrszulassungsordnung** – für Messungen am Arbeitsplatz: in der **Unfallverhütungsvorschrift** Lärm, in der VDI-Richtlinie 2058 Blatt 2 und DIN 45 645 Blatt 2).
→ **Meßgeräte, Meßgrößen, Prüfung von Kraftfahrzeugen**

Geschwindigkeitsbegrenzung

Die Begrenzung der zulässigen Höchstgeschwindigkeit dient vor allem der Verkehrssicherheit. Für die Auswirkung auf die Fahrgeräusche gilt grundsätzlich: Niedrigere Geschwindigkeit entspricht auch weniger Lärm! So erzeugt beispielsweise ein mit 140 km/h fahrendes Fahrzeug soviel Lärm wie 4 Fahrzeuge mit 100 km/h. (Gleichzeitig wird bei Tempo 100 weniger Kraftstoff verbraucht – weniger Schadstoffe werden abgegeben).
Auch in Städten kann der Verkehrslärm durch straßenbauliche (**Verkehrsberuhigung**) und/oder verkehrsrechtliche Maßnahmen deutlich gesenkt werden. Wird z.B. die Höchstgeschwindigkeit von 50 km/h auf 30 km/h gesenkt, führt dies zu einer Verringerung der Lärmbelastung um 3–4 dB (A) (**Mittelungspegel**).
Die Begrenzung auf Tempo 30 hat damit den gleichen Effekt wie die Motorkapselung aller Fahrzeuge oder die Verringerung der Verkehrsstärke um 50–60%. Gleichzeitig werden bei Tempo 30 weniger Schadstoffe abgegeben.

Gesetze → Bundes-Immissionsschutzgesetz, Fluglärmgesetz, Verkehrslärmschutzgesetz

G

Gesundheitsgefährdung
Lärmbelastungen können zu einer Beeinträchtigung des körperlichen und seelischen Wohlbefindens führen.
Häufig lassen sich eine Reihe von körperlichen Reaktionen (z.B. Veränderungen des Blutdrucks, der Herzfrequenz, der Hörschwelle) nachweisen.
Bei kurzfristigen Belastungen unterhalb der Schmerzgrenze besteht in der Regel keine G.
Bei häufigen Belastungen über 85 dB(A), die an Arbeitsplätzen und bei lärmintensiven Freizeitbeschäftigungen auftreten können, besteht die Gefahr, an **Lärmschwerhörigkeit** zu erkranken.
Auch bei andauernden Belastungen unter 85 dB(A) kann ein erhöhtes Gesundheitsrisiko auftreten – dies gilt besonders bei chronischen **Schlafstörungen** oder bei ständiger Verärgerung über auftretenden Lärm.
Eine im Auftrag des **Umweltbundesamtes** durchgeführte Studie hat den Verdacht erhärtet, daß ein Zusammenhang zwischen Verkehrslärm und Erkrankungen durch hohen Blutdruck besteht. Besonders betroffen sind Personen, in deren Familien bereits **Bluthochdruck**-Erkrankungen aufgetreten sind.
→ **Belästigung, Gehörschädigung, Kommunikationsstörung, Streßwirkung**

Gewerbelärm
Lärm gewerblicher Anlagen. Wie beim Industrielärm treten in Gewerbebetrieben eine Vielzahl von Lärmquellen technisch unterschiedlicher Art auf, die sich sowohl in der Lautstärke als auch in der Zusammensetzung des **Frequenz**spektrums und im zeitlichen Verlauf stark unterscheiden. Dieses macht eine Bekämpfung besonders schwierig. Allerdings ist hier eine erfreuliche Entwicklung zu beobachten.
Zum einen ist es möglich, heute Betriebsanlagen bedeutend leiser zu bauen als noch vor Jahren, zum anderen bietet die Entwicklung zu wartungsfreien, weitgehend automatisch arbeitenden Anlagen die Möglichkeit, dem Lärm durch **Kapselung** oder **Einhausung** zu begegnen.
Gewerbliche Anlagen sind im Gegensatz zu industriellen Anlagen meistens keine **genehmigungsbedürftigen Anlagen** im

Sinne des **Bundes-Immissionsschutzgesetzes** – gleichwohl müssen sie dem in diesem Gesetz geforderten **Stand der Technik** entsprechen und schädliche Umwelteinwirkungen auf ein Mindestmaß beschränken.
Zur Beurteilung möglicher schädlicher Umwelteinwirkungen wird bei genehmigungsbedürftigen Anlagen die **TA-Lärm** oder bei nicht genehmigungsbedürftigen Anlagen die VDI-Richtlinie 2058 Blatt 1 „Beurteilung von Arbeitslärm in der Nachbarschaft" herangezogen. Eine spezielle Lärmbelästigung geht von den ca. 6000 Volksfestplätzen in der Bundesrepublik Deutschland aus, die zum Teil mehrmals im Jahr mit lärmintensiven Veranstaltungen (Jahrmärkte, Kirmesveranstaltungen) belegt werden sowie von den auch in der Bundesrepublik vermehrt installierten Freizeitparks.
Geräuschmessungen auf dem Oktoberfest haben z. B. ergeben, daß in der Nähe der Lautsprecher Spitzenpegel bis zu 100 dB(A) auftreten.
→ **Abstandserlaß, Arbeitsplatzlärm, Lärmquellen**

Glockenläuten

Nach herrschender Meinung in Rechtsprechung und Schrifttum gehört das Läuten von Kirchenglocken aus liturgischen Gründen zur grundgesetzlich garantierten Freiheit der Religionsausübung.
Das Bundesverwaltungsgericht beurteilt Geräuschimmissionen durch liturgisches Glockenläuten der Kirchen in herkömmlichem Sinne als „regelmäßig keine erhebliche Belästigung im Sinne des § 3 Abs. 1 **Bundes-Immissionsschutzgesetz**, sondern als zumutbare, sozialadäquate Einwirkung (1983 – 7 C 44.81).
Ein Unterlassungsanspruch von sich belästigt fühlenden Nachbarn kann danach nur in Ausnahmefällen anzuerkennen sein, in denen zweifelsfrei eine solche Störung der öffentlichen Sicherheit und Ordnung gegeben ist, die unter dem Gesichtspunkt der persönlichen Gefahrenabwehr ein Einschreiten erforderlich macht.
Anders stellt sich die Rechtslage bei der Beurteilung nächtlichen Turmuhrenschlagens ohne liturgische Bedeutung dar. Hier kann die örtlich zuständige Behörde nach dem Immissionsschutzgesetz im Einzelfall prüfen, ob es eingeschränkt

oder auch untersagt werden kann. Auch nach Landesrecht ist unter Umständen ein Einschreiten möglich.
→ **Freizeitlärm**

Grenzwerte

Es muß grundsätzlich zwischen Werten unterschieden werden, die strikte Grenzen markieren (sog. Grenzwerte) und solchen, die in der Regel eingehalten werden sollen oder in bestimmten Fällen eine Indizfunktion haben (z.B.: Richt- oder Orientierungswerte). G. werden – je nach Verursachergruppen (z.B. Kraftfahrzeuge oder Flugzeuge) – mit unterschiedlichen **Meßverfahren** ermittelt und sind deshalb nicht ohne weiteres vergleichbar.
Im Bundesrecht bestehen **Emissionsg.** für **Kraftfahrzeuge**, Luftfahrzeuge, Binnenschiffe auf Bundeswasserstraßen und Rasenmäher; ihre Einhaltung ist Voraussetzung für
– die Erteilung des Schiffsattestes (Binnenschiffe),
– die Erteilung der Betriebserlaubnis oder Verkehrszulassung (Kraftfahrzeuge, Luftfahrzeuge), bzw.
– das Inverkehrbringen oder Einführen (Rasenmäher):

Gegenstand	Emissionswert in dB (A)
Binnenschiffe auf Bundeswasserstraßen	75
Mofa	70
Moped/Mokick	72
Leichtkraftrad	75
Motorrad (je nach Hubraum)	78–86
PKW	80/77*
Busse bis 3,5 t	81/79*
Busse über 3,5 t	82/80*
Busse über 200 PS	85/83*
LKW bis 3,5 t	81/79*
LKW über 3,5 t	86/83*
LKW über 200 PS und über 12 t	88/84*
Unterschall-Strahlflugzeuge (je nach Starthöchstmasse und Meßpunktlage)	89–106

* Grenzwert ab 1988/89

Gegenstand	Emissionswert in dB(A)
Propellerflugzeuge über 5,7 t (je nach Starthöchstmasse und Meßpunktlage)	89–106
Propellerflugzeuge unter 5,7 t (je nach Starthöchstmasse)	68– 80
Ultraleichtflugzeuge	55
Hubschrauber (je nach Startmasse und Meßpunktlage)	88–110
Rasenmäher (je nach Leistung – **Schallpegel** in 10 m Entfernung)	68– 77

Rasenmäher (bis 1. 7. 1987 in das Nationale Recht zu übertragender Wert der EG je nach Schnittbreite – **Schalleistungspegel**) 96–105.

Für die von **Baumaschinen** und Baustellen verursachten Geräusch**immissionen** in der Nachbarschaft sind in den „Allgemeinen Verwaltungsvorschriften zum Schutz gegen den Baulärm – Geräuschimmissionen – “ Immissionsrichtwerte genannt. Die Nachtzeit wird hier auf 20.00 bis 7.00 Uhr festgesetzt. Bei Überschreiten dieser Immissionswerte um mehr als 5 dB (A) sind die Behörden gehalten, geräuschärmere Bauverfahren, Betriebszeitbeschränkungen u.a. anzuordnen. Hinweise, welche Baumaschinen gegebenenfalls eingesetzt werden sollen, geben die „Allgemeinen Verwaltungsvorschriften“ betreffend die Emissionen von Baumaschinen.
Folgende Emmissionsrichtwerte sind in diesen Allgemeinen Verwaltungsvorschriften genannt:

Gegenstand	Emissionswert* in dB (A)
Betonmischeinrichtungen und Transportbetonmischer (je nach Größe, Betriebszustand, Antriebsart und Alter)	61–85
Radlader (je nach Leistung, Betriebsvorgang und Alter)	82–88
Kompressoren (je nach Leistung, Betriebsvorgang)	70–81

Gegenstand	Emissionswert* in dB (A)
Betonpumpen	81
Planierraupen (je nach Leistung, Betriebsvorgang)	82–89
Kettenlader (je nach Leistung, Betriebsvorgang)	81–86
Bagger (je nach Leistung, Betriebsvorgang)	78–84
Kräne	75
Drucklufthämmer (je nach Gewicht)	79–87

* Schalldruckpegel in 10 m Entfernung

Für Baumaschinen, die länger als 2 Jahre im Betrieb sind, dürfen die festgesetzten Immissionswerte um bis zu 3 dB (A) überschritten werden.
In Vorbereitung ist eine Rechtsverordnung zur Umsetzung von **EG-Richtlinien** zu Baumaschinen in nationales Recht. Die **Emission**swerte sind im Gegensatz zu den bisher geltenden Werten Schalleistungspegel (≙ Schalldruckpegel in 10 m Entfernung zuzüglich 28 dB (A)):

	Schalleistungspegel – dB (A) –	
		(ab 12/1989)
Motorkompressoren je nach Durchsatz	101–106	100–104
Turmdrehkräne	102	100
Schweißstromerzeuger		
bis 200 Ampere	104	101
über 200 Ampere	101	100
Kraftstromerzeuger je nach Leistung	103–105	100–102
Betonbrecher und Abbau-, Aufbruch- und Spatenhämmer je nach Masse	110–116	108–114

G

Die TA-Lärm enthält Immissionsrichtwerte, von deren Einhaltung grundsätzlich die Erteilung einer immissionsschutzrechtlichen Genehmigung abhängt:

Baugebiet (Baunutzungsverordnung)	Immissionsrichtwert dB(A) Tag	Nacht (22–6 Uhr)
Industriegebiet	70	70
Gewerbegebiet	65	50
Kern-, Misch-, Dorfgebiet	60	45
Allgemeines Wohngebiet, Kleinsiedlungsgebiet	55	40
Reines Wohngebiet	50	35
Kurgebiet, Krankenhaus, Pflegeanstalt	45	35
Mit der Anlage baulich verbundene Wohnungen	40	30

Für die Beurteilung von Immissionen – Indiz bei der Prüfung der Frage, ob Gefährdungen, erhebliche Benachteiligungen oder erhebliche Belästigungen vorliegen – ist in einigen Bundesländern die VDI-Richtlinie 2058 Blatt 1 für die Behörden verbindlich gemacht worden. Die Immissionen werden auf andere Weise festgestellt und beurteilt als nach der TA-Lärm. Die VDI-Richtlinie enthält folgende Immissionsrichtwerte:

Gebiet (Baunutzungsverordnung)	Immissionsrichtwert in dB(A) Tag	Nacht (22–6 Uhr)
Industriegebiet (außen gemessen)	70	70
Gewerbegebiet (außen gemessen)	65	50
Kern-, Misch-, Dorfgebiet (außen gemessen)	60	45
Allgemeines Wohngebiet, Kleinsiedlungsgebiet (außen gemessen)	55	40
Reines Wohngebiet (außen gemessen)	50	35
Kurgebiet, Krankenhaus, Pflegeanstalt (außen gemessen)	45	35
Wohnungen in allen Gebieten (innen gemessen)	35	25

Die DIN 18 005 Schallschutz im Städtebau enthält in einer Anlage Orientierungswerte. Diese stellen eine sachverständige Konkretisierung der Anforderungen an den Schallschutz im Städtebau dar.

Gebiet (Baunutzungsverordnung)	Orientierungswerte – dB (A) –		
	Tag	Nacht	
		Verkehrslärm	Industrie- u. Gewerbelärm u.ä.
Reine Wohngebiete, Wochenendhausgebiete, Ferienhausgebiete	50	40	35
Allgem. Wohngebiete, Kleinsiedlungsgebiete, Campingplatzgebiete	55	45	40
Friedhöfe, Kleingartenanlagen, Parkanlagen	55	55	55
Besondere Wohngebiete	60	45	40
Dorfgebiete Mischgebiete	60	50	45
Kerngebiete Gewerbegebiete	65	55	50
Sondergebiete je nach Nutzungsart	45 . . . 65	35 . . . 65	35 . . . 65
Industriegebiete	–	–	–

Der Bundesminister für Verkehr hat 1983 Immissionsgrenzwerte für den Lärmschutz (Vorsorge und Sanierung) an Bundesfernstraßen in der Baulast des Bundes bekanntgegeben:

	Vorsorge		Sanierung	
	Tag	Nacht	Tag	Nacht
Lärmvorsorge:				
Reines Wohngebiet, allgemeines Wohngebiet, Kleinsiedlungsgebiet	62	52	75	65
Dorf-, Misch-, Kerngebiet	67	57	75	65
Gewerbe-, Industriegebiet	72	62	75	65
Krankenhaus, Schule, Kur- und Altenheim	60	50	75	65

Ähnliche Erlasse bestehen in einigen Bundesländern.
→ **Bauleitplan, Bebauungsplan, Lärmgrenzwerte für Kraftfahrzeuge, Lärmgrenzwerte für Zweiräder**

Grundriß

Dem Schutz vor Außenlärm dienen nicht nur die Maßnahmen der **Bauakustik**, sondern auch die der G.planung. So können lärmempfindliche Bereiche (z.B. Wohn- und Schlafzimmer) auf die dem Lärm abgewandte Seite des Gebäudes verlegt werden.
Hier ist der Schalldruckpegel durch die Abschirmwirkung des Gebäudes um etwa 10 dB (A) niedriger.
→ **Baulicher Schallschutz, Bauordnung**

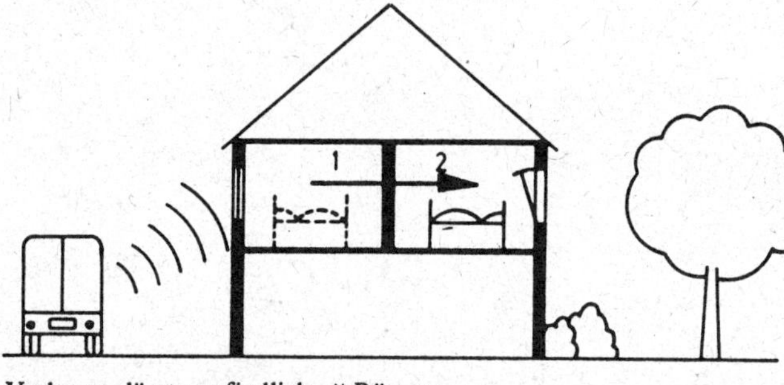

Verlegen „lärmempfindlicher" Räume
Quelle: Umweltbundesamt

Haushaltsgeräte-Lärm

H

Laute Haushaltsgeräte können im Haushalt Lärmpegel erzeugen, die denen industrieller Arbeitsplätze entsprechen.
In halligen und kleinen Küchen treten Pegel von 75 dB(A) (z.B. von Dunstabzugshauben) bis 85 dB(A) (z.B. von Mixmaschinen) auf.
Der Verein Deutscher Ingenieure hat in der Richtlinie Nr. 3737 die **Schalleistungspegel** von in der Bundesrepublik Deutschland angebotenen Haushaltsgeräten zusammengestellt:

Schallquelle:	Geräteart	**Emissions-**kennwert (Schall-leistung) in dB(A)
Küchenmaschinen (Rührer und Kneter)	Standküchenmaschine mit Schüsseln	79–82
	Standküchenmaschine ohne Schüsseln	73–80
	Kombinationsgeräte	75–79
Küchenmaschinen (Mixer)	Standmixer mit Becher	78–86
	Mixstäbe	78–82
	Handküchenmaschinen mit Schneidestäben	75–79
Geschirrspülmaschinen		63–71
Staubsauger	Handstaubsauger	73–82
	Bodenstaubsauger	74–82
Waschmaschinen	Waschbetrieb	59–67
	Schleuderbetrieb	65–78
Wäschetrockner	Abluftrockner	59–68
	Kondensationstrockner	66–71

H

Schallquelle:	Geräteart	Emissionskennwert (Schallleistung) in dB(A)
Kühl- und Gefriergeräte	Kühlschränke	38–46
	Gefrierschränke ohne Ventilator	39–46
	Gefrierschränke mit Ventilator	45–47
	Gefrierkombinationen	40–46
	Gefriertruhen ohne Ventilator	40–49
	Gefriertruhen mit Ventilator	48–53
Dunstabzugshauben	Umluftbetrieb 120–250 U/min	56–75 (je nach Drehzahl)
	Abluftbetrieb 135–330 U/min	53–72 (je nach Drehzahl)

Bei einzelnen Geräten treten Geräuschunterschiede bis zu 19 dB(A) auf. Bereits die häufig auftretenden Unterschiede von etwa 7 dB(A) bedeuten, daß ein lautes Gerät ungefähr soviel Lärm macht wie 5 leise Geräte. Da es gegenwärtig nur in Ausnahmefällen eine **Kennzeichnung** oder eine **Produktinformation** zum Lärmverhalten von Haushaltsgeräten gibt, wird empfohlen, vor dem Kauf einen vergleichenden Hörtest zu machen. Ein wichtiger Hinweis auf leise Geräte kann das **Umweltzeichen** sein, das zur Zeit für leise **Staubsauger** und leise Rasenmäher verliehen wird.

→ **Emissionskennwerte technischer Schallquellen**

Hausordnung

H. können zwischen Mietern und Vermietern als Bestandteile von Mietverträgen vereinbart oder bei gemeinschaftlichem

Eigentum von Wohnungseigentümern als Bestandteil der ordnungsgemäßen Verwaltung beschlossen werden. Die H. kann auch **Lärmschutzbestimmungen** enthalten (z.B. Verbot bestimmter lärmverursachender Tätigkeiten zu bestimmten Zeiten).

→ **Lärmverordnungen, Nachtruhe, Wohnlärm**

Haustechnik

Zum Gebäude gehörende technische Anlagen wie Wasser- und Abwasseranlagen, Energieversorgungsanlagen, Heizung, Fahrstuhl, Lüftung, Klimatisierung, Gemeinschaftswaschanlagen, Müllbeseitigungsanlagen, ortsfeste Schwimm- und Spielanlagen.

Anlagen der H. können zu erheblichen Belästigungen (z.B. Heizungsgeräusche, Toilettenspülgeräusche, Aufzugsgeräusche u.a.) führen.

Gegenmaßnahmen hierzu sind:

1. Verwendung lärmarmer Anlagen (z.B. leise Druckspüler, lärmarme Brenner/Kessel-Kombination für die Heizung)
2. Maßnahmen zur **Luftschalldämmung** (z.B. durch geeignete Decken, Wände und Türen)
3. Maßnahmen zur **Körperschalldämmung** (z.B. Aufstellen von Waschmaschinen auf Schwingfüßen, **schwingungsisolierende** Befestigung von Armaturen und Rohrleitungen)
4. Bauakustisch günstige räumliche Anordnung dieser Anlagen

Dem Schutz vor Lärm durch Anlagen der H. dient die DIN 4109 „Schallschutz im Hochbau".

Weitere Informationen enthalten die VDI-Richtlinien Nr. 2566 „Lärmminderung an Pumpanlagen", Nr. 3733 E „Geräusche bei Rohrleitungen", Nr. 2715 „Lärmminderung an Warm- und Heißwasserheizungsanlagen" und Nr. 2081 E „Lärmminderung bei raumlufttechnischen Anlagen".

→ **Bauaufsichtliches Prüfzeichen, Baulicher Schallschutz, Schallschutz an Gebäuden, Technische Baubestimmungen**

Haustiere-Lärm

Gegen den **Lärm** privat gehaltener Haustiere (z.B. Hundegebell) bestehen in einigen Bundesländern Spezialvorschriften in **Lärmverordnungen** bzw. im Landes-Immissionsschutzgesetz.

Danach sind Haustiere so zu halten, daß niemand unzumutbar oder mehr als nur geringfügig gestört wird. In einigen Bundesländern ist H. Gegenstand ortsrechtlicher Bestimmungen. Im übrigen gelten die Vorschriften des Gesetzes über Ordnungswidrigkeiten über unzulässigen Lärm. Betriebe zur Zucht von Haustieren sind dagegen Anlagen im Sinne des **Bundes-Immissionsschutzgesetzes** und müssen den Anforderungen dieses Gesetzes entsprechen.

→ **Wohnlärm**

Heimwerker

Viele Mitbürger üben in ihrer Freizeit Arbeiten aus, die sich von üblichen Handwerkstätigkeiten nicht unterscheiden.
Der durch Freizeitarbeit erzeugte **Lärm** unterscheidet sich in seiner Intensität demnach auch nicht von dem durch Berufsarbeit erzeugten Lärm, ist aber oftmals von größerer Lästigkeit, da er im Wohnbereich und oftmals zu besonders ruhebedürftigen Zeiten auftritt.
Heimwerker sollten in besonderem Maße Rücksicht auf die Nachbarschaft nehmen und nach Möglichkeit leise Geräte benutzen.

→ **Freizeitlärm, Gartengeräte, Wohnlärm**

Hellhörigkeit

Mangelhafter baulicher Innenschallschutz von Gebäuden infolge nicht ausreichender **Dämmung** von Wohnungstrenndecken und -wänden. Derzeit klagen etwa 39% aller Mieter über H. und dadurch bedingte Störungen und Belästigungen durch Geräusche der Nachbarn. Die Wohnqualität ist auch durch den permanenten Zwang zur Rücksichtnahme eingeschränkt. Untersuchungen haben gezeigt, daß mehr als die Hälfte der Hausbewohner ihre Wohnung als hellhörig bezeichnen, wenn die **Schalldämmung** der Bauteile weniger als 52 dB beträgt. Bei etwas verbesserter Schalldämmung von 55 dB und mehr beklagen sich nur noch 12% der Bewohner über H. Die Mindestschalldämmung für Decken und Wände nach DIN 4109 Ausgabe 1962 beträgt 52 dB.

→ **Baulicher Schallschutz, Mindestschallschutz, Wohnlärm**

Hertz → Frequenz

Hörschwelle

H

Die H. gibt an, bei welchen **Schalldruck**pegel Töne hörbar werden (**Hörvorgang**). Die H. ist abhängig von der **Frequenz** des abgegebenen Schalls. Die größte Empfindlichkeit des Ohres liegt bei Frequenzen von 1000 bis 6000 Hertz.

→ **Frequenzbewertung**

Hörvorgang

Schallwellen, die auf das Ohr treffen, werden durch den Ohrkanal zum Trommelfell geleitet und regen dieses zu Schwingungen an. Die Schwingungen werden über die Gehörknöchelchen des Mittelohrs zum Innenohr übertragen. Dort befinden sich die Sinneszellen des Gehörs. Sie setzen die akustischen Signale in elektrische (Nervenimpulse) um. Diese werden über

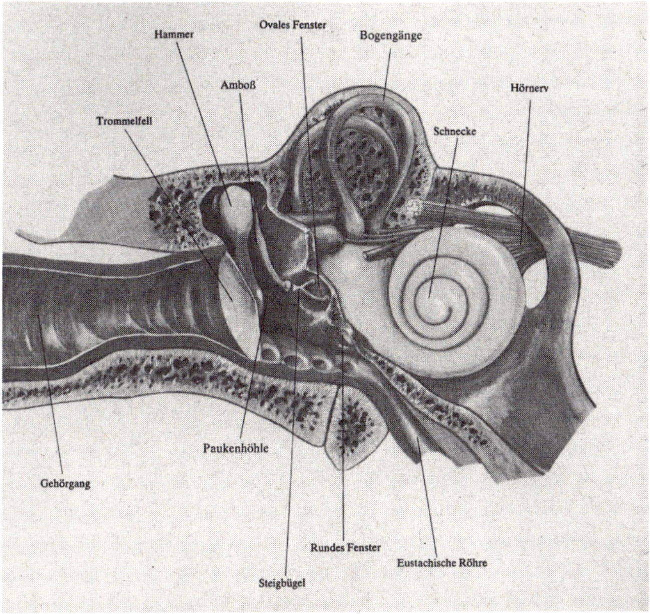

Das Innenohr: die phantastische Welt des Hörens
Quelle: Bilsom

H

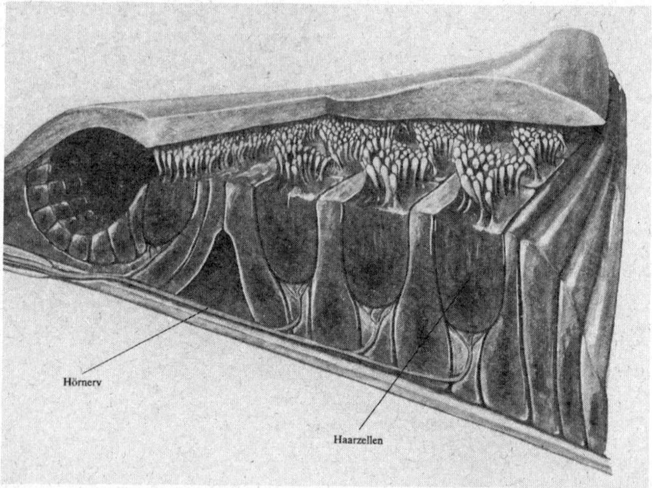

Das eigentliche Hörorgan: das „Cortische Organ" mit seinen über 30 000 hochempfindlichen Haarzellen. Hier wird die Bewegungsenergie in elektrochemische Energie verwandelt und über den Hörnerv an die Hörzentren des Gehirns weitergeleitet.
Quelle: Bilsom

die Nerven zum Gehirn geführt und lösen dort die Hörempfindung aus.
Wichtige Wahrnehmungsmerkmale sind die Tonhöhe und die **Lautstärke** des Schalls.
Der Hörbereich des Ohres umfaßt **Frequenzen** von 16 Hz bis 16 000 Hz und **Schalldruckpegel** von 0 dB (**Hörschwelle**) bis 130 dB (Schmerzschwelle).
→ **Dezibel, Phon**

Hundegebell → Haustiere-Lärm

I

ICAO → Regelwerke

Immission

Im Bereich des **Lärmschutzes** Bezeichnung für die Einwirkung von **Schall** auf ein Gebiet oder auf einen Punkt des

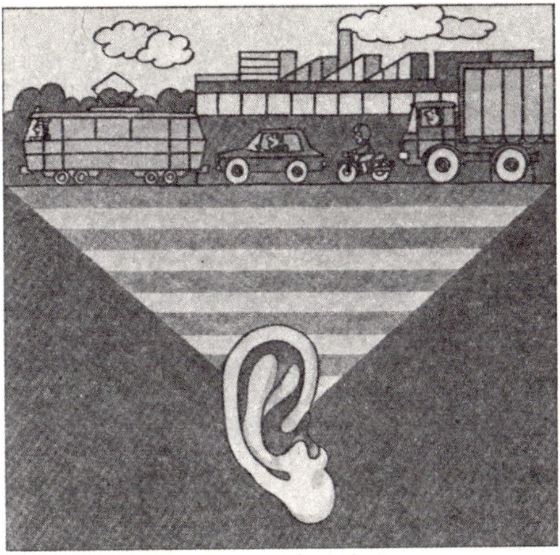

Lärm-Immissionen sind die auf Menschen oder Sachen einwirkenden Geräusche. Beim Straßenverkehrslärm sind das z.B. die Geräusche **aller** Fahrzeuge, die zu einem bestimmten Zeitpunkt an einem bestimmten Ort auf einen Menschen einwirken.
Quelle: Der Bundesminister für Verkehr

Gebietes (z.B. Schalleinwirkungen einer Straße auf die umgebende Bebauung oder die Anwohner). Im Gegensatz hierzu steht die **Emission**, die den von einer oder mehreren Schallquellen abgestrahlten Schall bezeichnet.

Immissionsgrenzwerte → Grenzwerte

Immissionsschutzbeauftragter

Betreiber bestimmter Anlagen (festgelegt in der Verordnung über I., 5. BImSchV v. 14. 2. 75, BGBl I S. 504, 727 zuletzt geändert am 24. 7. 85 BGBl I S. 1601) sind verpflichtet, einen I. zu bestellen. Aufgabe des I ist es, auf die Entwicklung und Einführung lärmarmer Verfahren hinzuwirken, auf die Einhaltung der Umweltschutzbestimmungen zu achten und die Betriebsangehörigen über Lärmschutz aufzuklären.

I. haben unmittelbares Vortragsrecht bei der Geschäftsleitung und nehmen zu Investitionsentscheidungen Stellung; dem Anlagenbetreiber haben sie jährlich Bericht zu erstatten.
Aus ihrer Tätigkeit darf ihnen im Betrieb kein Nachteil erwachsen.
Durch Rechtsverordnung sind die Arten von Anlagen festgelegt, für die die Bestellung von I. obligatorisch ist. Die Anforderungen an Fachkunde und Zuverlässigkeit sind in der 6. BImSchV v. 12. 4. 75 (BGBl I S. 957) festgelegt.

Impulshaltigkeit

Kennzeichnung von Geräuschen mit schnellen **Pegel**änderungen (Knalle, Rammengeräusche u.a.).
Diese werden als besonders lästig empfunden, da sie sehr stark auffallen und von ihnen u.a. eine starke Schreckwirkung ausgeht.
Die I. wird bei der **Geräuschbeurteilung** durch Zuschläge zum **Mittelungspegel** berücksichtigt.
→ **Tonhaltigkeit**

Individualverkehr → Öffentlicher Personennahverkehr, Park + Ride, Verkehrsmittelwahl, Verkehrsplanung

Industrielärm

Von Industrieanlagen ausgehender Lärm, insbesondere Lärm von **genehmigungsbedürftigen Anlagen** im Sinne des **Bundes-Immissionsschutzgesetzes.**
I. kann nach konstanten **Geräuschen** (z.B. bei chemischen Anlagen), stark **impulshaltigen** Geräuschen (z.B. bei Hammerwerken) und **tonhaltigen** Geräuschen (z.B. von großen Gebläsen) unterschieden werden – im allgemeinen tritt eine Kombination dieser Geräusche auf. Das Bundes-Immissionsschutzgesetz schreibt vor, daß auch Industrieanlagen dem **Stand der Technik** entsprechend gebaut und betrieben werden müssen und für die Nachbarschaft keine schädlichen Umwelteinwirkungen und sonstige Gefahren, erhebliche Nachteile und erhebliche Belästigungen für die Allgemeinheit entstehen dürfen.

In der **TA-Lärm** sind **Immissions**richtwerte enthalten. Darüber hinaus haben das **Umweltbundesamt** und die zuständigen Länderminister Ergebnisse aus Forschungsvorhaben über Stand der Technik für folgende Anlagen veröffentlicht:

Raffinerien, petrochemische Anlagen, Kraftwerke, Elektrostahlwerke, Kläranlagen, Müllverbrennungsanlagen, Anlagen zur Holzverarbeitung, Hochofen- und Sinteranlagen, Kohleveredelungs- und vergasungsanlagen, Gießereien, Webereien und Abfallverwertungsanlagen. Die Reihe dieser Veröffentlichungen wird laufend erweitert.

In diesen Veröffentlichungen wird nachgewiesen, daß für die beschriebenen Anlagen durch geeignete Maßnahmen erhebliche Lärmminderungen erreicht werden. Besonders wirkungsvoll sind lärmmindernde Maßnahmen dann, wenn sie bereits in die Anlagenplanung einbezogen werden und nicht erst nachträglich ausgeführt werden. Außerdem sollte bereits bei der **Bauleitplanung** auf eine umweltschonende Standortwahl von Industriebetrieben geachtet werden, um die Lärmbelästigung von Wohn- und Erholungsgebieten von vornherein auf ein Mindestmaß zu beschränken.

Die verstärkte Industrialisierung, Rationalisierung und Arbeitsintensivierung sowie die Entwicklung wirtschaftlicherer Herstellungsverfahren führen zur Entwicklung und zum Bau immer größerer Leistungseinheiten, zu immer größeren Durchsatzgeschwindigkeiten und möglichst kurzen und schnellen Transportwegen.

Daher werden Leichtbau, höhere Drehzahlen, hohe Ausnutzungsgrade der Werkstoffe u.a. angestrebt. Diese Konzentration des Material- und Energieumsatzes auf engstem Raum führt auch zu einem Ansteigen des Lärms als Nebenwirkung des technischen Fortschritts. Wartungsfreie und wartungsarme sowie weitgehend automatisch arbeitende fernsteuerbare Anlagen in Verbindung mit **Kapselungen** oder **Einhausung** können dem Lärm wirksam entgegen wirken. Darüber hinaus hat sich der **Stand der Technik** fortentwickelt, so daß es heute möglich ist, wesentlich leisere Anlagen zu bauen und einzusetzen als noch vor einigen Jahren.

→ **Abstandserlaß, Arbeitsplatzlärm, Arbeitsstättenverordnung, Gewerbelärm, Grenzwerte, Lärmquellen**

I

Infraschall

Schall im **Frequenz**bereich unter 16 Hz.

I. wird sowohl gehört als auch über den Körper wahrgenommen.

I. tritt vor allem in der Nähe von technischen Anlagen und in Fahrzeugen auf.

→ **Hörschwelle, Ultraschall**

Installationsgeräusche → Bauaufsichtliches Prüfzeichen, Haustechnik

Internationale Zusammenarbeit → Regelwerke

Inversionswetterlage → Temperaturinversion

ISO-Norm → Regelwerke

K

Kapselung

Oft ist es möglich, die **Lärmquelle** (z.B. einen **Kraftfahrzeug**motor) einzuschließen und damit die **Schall**abstrahlung zu

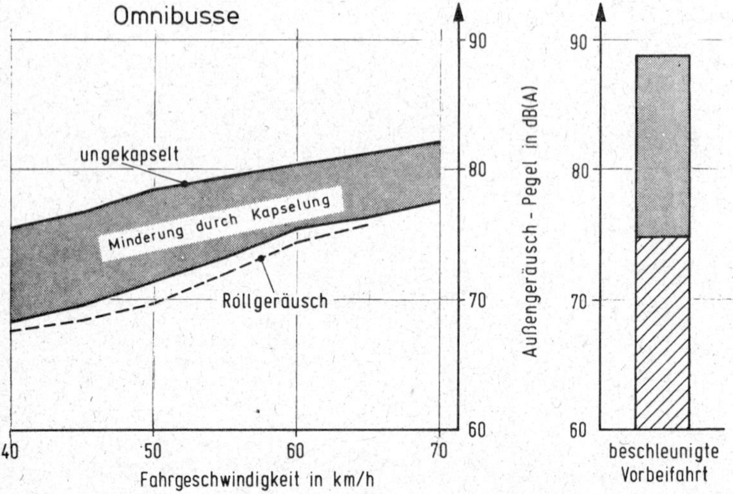

Einfluß der Motorkapselung auf die Lärmentwicklung von Omnibussen Quelle: Umweltbundesamt

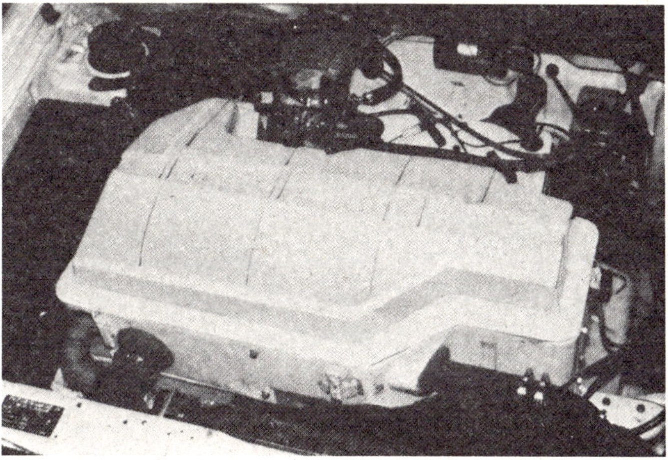

Motorkapsel
Quelle: VW

K

reduzieren. Es können sowohl ganze Aggregate als auch Teile davon gekapselt werden. Je nach Ausführung der Kapseln können Lärmminderungen zwischen drei bis 50 dB(A) erreicht werden.
Wenn die Aggregate Hitze entwickeln, müssen die erforderlichen Be- und Entlüftungsöffnungen mit geeigneten Schalldämpfern versehen werden.
Ferner müssen die Fragen der Explosionssicherheit, der Bedienung und der Wartung beachtet werden.
Umschließt eine Kapsel größere Einheiten, so spricht man von **Einhausung** (s. auch VDI 2711).

Karosseriegeräusche

Geräusche, die beim **Personenkraftwagen** vor allem beim Zuschlagen von Türen und Kofferhaube auftreten und bei **Lastkraftwagen** duch klappernde Aufbauten und Achsaufhängungen verursacht werden.
Bei vernünftiger Bedienung läßt sich das laute Schließen von Türen und Klappen vermeiden. Klappergeräusche bei leeren bzw. nur wenig beladenen LKWs werden vor allem durch die harte Federung verursacht, sie lassen sich durch niedrigere Geschwindigkeiten, vor allem auf unebenen Straßen begrenzen.
→ **Kraftfahrzeug**

Kavalierstart

Unnötig hohe Beschleunigung eines **Kraftfahrzeuges** aus dem Stand, bei dem es in der Regel durch erhöhte Reifen- und **Motorgeräusche** sowie Abgase und Reifenabrieb zu erheblichen Umweltbelastungen kommt.
Der K. stellt außerdem eine unsinnige Energieverschwendung dar.
→ **Lärmbelastung, Reifen-Fahrbahn-Geräusch**

Kehrmaschinen

Straßenreinigungsfahrzeuge können insbesondere in Wohngebieten zu erheblichen Belästigungen der Anwohner führen.
Große K. erzeugen bei Vollast einen Außengeräuschpegel von 80 bis zu 90 dB (A) – gemessen in 7 m Entfernung. Besonders belästigend sind K. wegen der **Tonhaltigkeit** ihrer Geräusche,

wodurch diese Maschinen oft auch auf große Entfernungen zu hören sind.
In den letzten Jahren sind einige Vorschläge zu Lärmminderungsmaßnahmen an K. erarbeitet worden. Lärmarme K. werden aber auf dem Markt noch nicht angeboten, da die denkbaren Lärmminderungsmaßnahmen noch nicht in die Praxis umgesetzt wurden.
→ **Kommunalfahrzeuge**

Kennzeichnung

Die K. stellt ein einfaches und wirksames Mittel zur Information der Öffentlichkeit u.a. über die von Produkten ausgehenden **Geräusche** dar.
Eine K. sollte grundsätzlich eindeutig und allgemeinverständlich sein und nur den Wert enthalten, der von der gesamten Produktserie oder entsprechend **ISO** 7574 von mindestens 93,5 % der Serie eingehalten wird. Die Angabe von Serienmittelwerten ist abzulehnen.
Eine generelle K.-Pflicht gibt es bisher nicht.
Lediglich für **Rasenmäher** und einige **Baumaschinen** (Kompressoren, Aufbruchhämmer, Turmdrehkräne, Stromerzeuger) existiert eine K.-Pflicht, die auch im Bereich der Europäischen Gemeinschaften gilt. Besonders wichtig wäre eine K. von **Haushaltsgeräten**. Da diese bisher nur im Rahmen einer freiwilligen Produktinformation möglich ist, verzichten die meisten Hersteller auf eine entsprechende K.
Seit 1978 verleiht eine unabhängige Jury das „**Umweltzeichen**" an umweltfreundliche Produkte und Verfahren.
Das Umweltzeichen wurde seitdem auch für lärmarme **Staubsauger**, **Rasenmäher** und Linienomnibusse verliehen und stellt somit auch eine K. von lärmarmen Produkten dar.
→ **Produktinformation**

Klavier

Das K.-Spiel wird durch **Luft-** und **Körperschall** übertragen. Die **Schallübertragung** kann durch geeignete **Schallschutzelemente** (Aufstellung auf elastischer Unterlage gegen Körperschall, **Vorsatzschale** zwischen Klavier und Wand gegen Luftschall) verringert werden.
→ **Hausordnung, Lärmverordnung, Wohnlärm**

K

Kleinkraftrad

Zweirad mit einem Hubraum von höchstens 50 cm^3, unbegrenzter Höchstgeschwindigkeit sowie einem **Lärmgrenzwert** von 78 dB(A).

Als Folge der gesetzlichen Hubraumbeschränkung bei freier Leistung (bzw. freier Höchstgeschwindigkeit), wurden hochgezüchtete Motoren angeboten, die ihre Leistung aus hohen Drehzahlen (zwischen 8500 und 9000 U/min) entnehmen. Diese erzeugen einen besonders unangenehmen hochfrequenten Lärm.

Seit 1981 werden parallel die leiseren **Leichtkrafträder** angeboten, die das K. ersetzen, da neue K. ab 1. 1. 1984 nicht mehr zugelassen werden.

→ **Fahrgeräusch, Kraftfahrzeug, lärmarme Kraftfahrzeuge, Straßenverkehrslärm**

Körperschall

Der in festen Körpern (z.B. Wänden oder Decken) sich ausbreitende **Schall**. Der K. ist von besonderer Bedeutung bei der Ausbreitung von **Geräuschen** innerhalb von Gebäuden.

→ **Baulicher Schallschutz, Haustechnik, Luftschall, Trittschall, Wasserschall**

Kommunalfahrzeuge

Fahrzeuge für die Ausführung kommunaler Arbeiten (z.B. Müllfahrzeuge, Kehr- und Saugfahrzeuge).

Diese auch in Wohngebieten eingesetzten Fahrzeuge können zu erheblichen **Lärm**belästigungen der Nachbarschaft führen. Lärmarme K. sollten über ein lärmarmes Fahrgestell (49,3 **Straßenverkehrszulassungsordnung**) und einen lärmgeminderten Aufbau verfügen. Separatmotoren sollten möglichst vermieden werden, da sie das verfügbare Volumen bzw. Zuladegewicht verringern. Zur Zeit existieren Prototypen von Saugefahrzeugen, Hochdruckspülfahrzeugen, kombinierte Hochdruckspül- und Saugefahrzeuge und Tankwagen, die deutlich leiser als herkömmliche Fahrzeuge sind. Das **Umweltbundesamt** setzt sich dafür ein, daß bei Beschaffungen der öffentlichen Hand die Umweltfreundlichkeit von Produkten ein wichtiges Kriterium ist. Deshalb ist damit zu rechnen, daß künftig verstärkt lärmarme K. beschafft werden.

K

→ **Benutzungsvorteile, Kehrmaschinen, Motorkettensägen**

Kommunikationsstörung

Minderung der Verständlichkeit und Aufnahmefähigkeit beim Austausch von Informationen (Unterhaltung, Telefonieren, Radio- und Musikhören, Fernsehen) aufgrund von Lärmeinwirkungen.
K. werden bei sozialwissenschaftlichen Umweltstudien als häufigste und stärkste Beeinträchtigung des menschlichen Wohlbefindens genannt.
Innerhalb von Wohnräumen lassen sich K. nur dann zuverlässig vermeiden, wenn der Störgeräuschpegel unter 45 dB(A) bzw. mindestens 10 dB(A) unter dem Sprachpegel liegt.
→ **Belästigung, Gehörschädigung, Gesundheitsgefährdung, Streßwirkung**

Kompressor → Baulärm

Kontrollmeßverfahren

Vereinfachte **Meßverfahren** zur schnellen Feststellung von **Geräuschemissionen.**
K. sind z.B. im § 49 der **Straßenverkehrszulassungsordnung** für **Kraftfahrzeuge** vorgesehen.
→ **Geräuschmessung**

Kraftfahrzeuge → Lärmarme Kraftfahrzeuge

Krafträder → Kleinkraftrad, Leichtkraftrad, Mofa, Moped, Motorrad

Kurvenquietschen → Straßenbahn

L

Lärm

Wird üblicherweise als unerwünschter, störender oder gesundheitsschädlicher Schall definiert.
Hierunter lassen sich diejenigen **Geräusch**immissionen zusammenfassen, die das körperliche, seelische und soziale Wohlbefinden beeinträchtigen.
L. ist kein physikalischer, sondern ein sozial-psychologischer Begriff. Dies zeigt sich z.B. bei der Beurteilung von lauter Musik, die von dem einen als Vergnügen und Entspannung und von dem anderen als belästigend und störend abgetan wird.

→ **Geräuschmessung, Lärmmessung, Meßgrößen, Schall**

Lärmarme Baumaschinen

Deutsche Hersteller bieten in den letzten Jahren verstärkt L.B. an. Mit dem Einsatz von L.B. ergeben sich für die Betreiber häufig **Benutzervorteile**. So können solche Maschinen/Geräte z.B. in Wohngebieten ohne zeitliche Unterbrechungen eingesetzt werden. Bei lauten Maschinen müssen dagegen teilweise große Arbeitspausen eingelegt werden.

→ **Grenzwerte**

Lärmarme Bauverfahren

Neuere Bauverfahren können sowohl im Hochbau wie im Tiefbau zu einer deutlichen Reduzierung des Baulärms führen. So können z.B. im innerstädtischen Tiefbau bei der Verlegung von Rohren unterirdische Vortriebverfahren angewendet werden. Dabei wird nicht nur weniger Lärm erzeugt, sondern es werden auch Störungen des Verkehrsflusses weitgehend vermieden.

Lärmarme Kraftfahrzeuge

Im Rahmen seiner Forschungs- und Entwicklungsarbeit hat das **Umweltbundesamt** die Entwicklung lärmarmer Prototypen von Kraftfahrzeugen aller Kategorien gefördert. Die Forschungsergebnisse haben gezeigt, daß es technisch möglich ist, die Lärmwerte von PKW bis zu 8 **Dezibel** – dB (A) –, von LKW bis zu 15 dB (A), von Bussen bis zu 10 dB (A) und von motorisierten Zweirädern bis zu 10 dB (A) zu senken. Auf der Grundlage dieser Ergebnisse setzt sich die Bundesregierung bei den Europäischen Gemeinschaften für eine weitere Absenkung der Grenzwerte ein. Für PKW, LKW und Busse wurden die Grenzwerte bereits verschärft. So werden z.B. ab 1990 zehn neue LKW zusammen nicht mehr Lärm verursachen als ein heutiges Serienfahrzeug. Darüber hinaus hat die Bundesregierung mit der Anlage XXI zum § 49 Abs. 3 StVZO den Begriff des „Lärmarmen Kraftfahrzeuges" definiert:

Kriterien für lärmarme Kraftfahrzeuge

1 Allgemeines

Lärmarme Kraftfahrzeuge sind Fahrzeuge, bei denen alle lärmrelevanten Einzelquellen dem Stand moderner Lärmminderungstechnik entsprechen.

2 Lastkraftwagen

2.1 Geräuschgrenzwerte

Der Stand moderner Lärmminderungstechnik ist für Lastkraftwagen mit einem zulässigen Gesamtgewicht von mehr als 2,8 t dann gegeben, wenn folgende nach Leistungsklassen unterschiedliche Grenzwerte eingehalten oder unterschritten werden:

	Motorleistung		
	weniger als 75 kW	von 75 kW bis weniger als 150 kW	150 kW oder mehr
Fahrgeräusch	77 dB (A)	78 dB (A)	80 dB (A)
Motorbremsgeräusch[1])	77 dB (A)	78 dB (A)	80 dB (A)
Druckluftgeräusch[1])	72 dB (A)	72 dB (A)	72 dB (A)
Rundumgeräusch[2])	77 dB (A)	78 dB (A)	80 dB (A)

[1]) Sofern entsprechende Bremseinrichtungen vorhanden sind.

[2]) Entfällt bei elektrischem Antrieb.

Kriterien für andere Fahrzeugkategorien werden folgen. Für „lärmarme Fahrzeuge" können Benutzervorteile in besonders lärmempfindlichen Gebieten wie z.B. in Kurgebieten eingeräumt werden.

L

Lärmarme Mofa

Im Rahmen eines Forschungsvorhabens hat das **Umweltbundesamt** die Geräuschminderungsmöglichkeiten von Fahrzeugen der Mofa- und Moped-Klasse untersuchen lassen. Durch Maßnahmen an Motor, Getriebe, Auspuff und im Ansaugbereich konnten die Geräusche bei Höchstgeschwindigkeit um bis zu 7 Dezibel – dB (A) – gesenkt werden. Aufbauend auf diesen Prototypen werden inzwischen L.M. auch serienmäßig angeboten.

Lärmarmer Straßenbelag

Offenporiger Asphaltbelag (z.B. „Drainasphalt", „Flüster-Asphalt" mit ca. 20% Hohlraumvolumen), der die Schallwellen schluckt statt diese wie beim herkömmlichen Asphaltbeton zu reflektieren. Durch L.S. läßt sich mindestens eine Halbierung der Lärmbelastung erzielen. Nässe kann der L.S. aufgrund seiner Porösität besser ableiten. Probleme können hingegen bei Eis und Schnee auftreten, da hier z.B. ein umweltschonender Einsatz von abstumpfenden Streumitteln noch nicht erprobt ist und bisher noch ein hoher Streusalzeinsatz erforderlich ist.

→ **Reifen-Fahrbahn-Geräusch**

Lärmarmes Fahren → Fahrverhalten

Lärmarmes Müllfahrzeug → Müllfahrzeug

Lärmbelästigung → Belästigung

Lärmbereiche

Entsprechend der Unfallverhütungsvorschrift „Lärm" Arbeitsplätze, an denen der **Arbeitsplatzlärm** höher als 90 dB (A) ist, L. müssen als solche ausgewiesen werden. Arbeitnehmer müssen hier einen persönlichen Gehörschutz tragen, da ansonsten **Lärmschwerhörigkeit** droht.

→ **Arbeitsstättenverordnung, Lärmschutzbereiche, Unfallverhütungsvorschrift Lärm**

EP 24 GS/105
Gehörschutz
tragen

Kennzeichnung von Lärmbereichen

Lärmbewußtsein

Obwohl viele Mitbürger heute bereits um die belästigenden und schädlichen Folgen des **Lärms** wissen, zeigen die vielen Verstöße im privaten und beruflichen Bereich, daß ein durchgehendes L. noch nicht vorhanden ist. Die vielen Beschwerden über unzumutbaren Lärm begründen sich zum Teil auf die Rücksichtslosigkeit vieler Mitbürger, zu einem anderen Teil aber auch auf Unwissen über die Möglichkeiten eines kostengünstigen und effektiven **Lärmschutzes**. Deshalb muß auch künftig mit den Mitteln der **Aufklärung** das L. weiter verbessert werden.

→ **Bürgerbeteiligung**

Lärmfolgen

→ **Belästigung, Bluthochdruck, Gesundheitsgefährdung, Kommunikationsstörung, Lärmschwerhörigkeit, Lärmwirkungen, Schlafstörungen**

Lärmgrenzwerte für Kraftfahrzeuge (ohne Zweiräder)

Die zulässigen **Grenzwerte** für die **Geräuschentwicklung** bei beschleunigter Vorbeifahrt in 7,5 m Abstand von der Fahrzeugmitte sind in den letzten Jahren EG-einheitlich spürbar herabgesetzt worden.

Kfz-Art	Grenzwert 1970	Grenzwert 1980/82	Grenzwert ab 1988/89
PKW	82 dB (A)	80 dB (A)	77 dB (A)
Busse bis 3,5 t	84 dB (A)	81 dB (A)	79 dB (A)
Busse über 3,5 t	89 dB (A)	82 dB (A)	80 dB (A)
Busse über 200 PS	91 dB (A)	85 dB (A)	83 dB (A)
LKW bis 3,5 t	84 dB (A)	81 dB (A)	79 dB (A)
LKW über 3,5 t	89 dB (A)	86 dB (A)	83 dB (A)
LKW über 200 PS und über 12 t	91 dB (A)	88 dB (A)	84 dB (A)

Das 1984 veränderte Meßverfahren bringt zusätzlich eine indirekte Verschärfung um bis zu 4 dB (A).

Lärmgrenzwerte für Zweiräder

Für Krafträder, **Kleinkrafträder, Leichtkrafträder, Mopeds** und **Mofas** sind in der Richtlinie für die Geräuschmessung an **Kraftfahrzeugen** zu § 49 der **Straßenverkehrszulassungsordnung Grenzwerte** für die **Geräusch**entwicklung festgelegt, die in 7,5 m Abstand von der Fahrzeugmitte aus bei beschleunigter Vorbeifahrt gemessen werden:

Mofa:	70 dB (A)	
Moped/Mokick:	72 dB (A)	
Leichtkraftrad:	75 dB (A)	
Motorrad:	78–86 dB (A)	(je nach Hubraum)

Besteht der Verdacht, daß diese Werte überschritten sind, kann die Polizei eine Vorführung beim **Technischen Überwachungsverein** veranlassen bzw. auf Abstellung von festgestellten Mängeln dringen (z.B. bei fehlender oder defekter Auspuffanlage).

Ferner ist nach § 30 StVZO bei der Benutzung von Kraftfahrzeugen unnötiges Lärmen verboten. Es ist insbesondere verboten:

- Fahrzeugmotore unnötig laufen zu lassen
- unnötiges Hin- und Herfahren innerhalb geschlossener Ortschaften
- unnötiges Beschleunigen der Fahrzeuge.

In diesen Fällen kann Anzeige bei der Polizei erstattet werden (Kennzeichen mitteilen und Anschriften von Zeugen benennen). Mofas und Mopeds sind, soweit keine Veränderungen an ihnen vorgenommen wurden, nicht übermäßig laut. Viel Lärm verursachen dagegen Krafträder mit Hubraumbegrenzung (Kleinkrafträder) und – je nach **Fahrverhalten** – auch Krafträder ohne Hubraumbegrenzung.

→ **Fahrgeräusch, Meßverfahren**

Lärmgutachten

Das L. beschreibt die **Lärm**situation, die bei einer neu zu errichtenden oder wesentlich zu ändernden Anlage zu erwarten sein wird, bzw. die durch eine lärmverursachende Anlage gegeben ist. Im Rahmen der Immissionsprognose werden die vorhandenen und die zusätzlich zu erwartenden **Immissionen** zueinander in Beziehung gesetzt; bei bestehenden Anlagen werden die Anteile der von dieser Anlage bewirkten Immissionen an der Gesamtimmission festgestellt. Das L. kann u.a. ein Hilfsmittel für die Behörden sein

- bei der Prüfung der Genehmigungsvoraussetzungen und der Voraussetzungen für nachträgliche Anordnungen nach dem **Bundes-Immissionsschutzgesetz**, oder
- in anderen Genehmigungs- oder **Planfeststellungs**verfahren, in denen die Lärmschutzbelange zu berücksichtigen sind (z.B. Flughäfen, Bundesfernstraßen).

Lärmkarte

Die Beschreibung der Lärmbelastung kleinerer Gebiete wie Städte oder Stadtteile erfolgt häufig in Form von L. In diesen sind je nach Zweck und Aufwand die **Emissionen** der einzelnen Schallquellen oder – nach einer **Ausbreitungs**rechnung oder aufgrund von Messungen – die flächenhaften Lärmbelastungen dargestellt. Eine Übersicht über die z.Z. in der Bundesrepublik Deutschland vorliegenden L. kann vom **Umweltbundesamt** angefordert werden.

Dieses geschieht meistens mit Hilfe farbiger oder unterschiedlich schraffierter Flächen, die von Linien gleichen **Mittelungspegeln** begrenzt sind. Die Daten zur Erstellung von L. werden zumeist **Lärmkatastern** entnommen.

L

Lärmkataster

Systematische Datenzusammenstellung zur räumlichen **Lärm**beschreibung im regionalen oder überregionalen Bereich.
Im L. werden z.B. die vom **Kraftfahrzeug**verkehr, Schienenverkehr und Gewerbebetrieben verursachten Schall**pegel** unter Berücksichtigung der **Pegel**höhen und **-frequenzen**, der zeitlichen Verteilung, der Straßenbreiten, Bebauungsarten und der meteorologischen Verhältnisse erfaßt.
Die Daten können durch Messungen und Erhebungen gewonnen werden.

→ **Lärmkarte**

Lärmmessung

Die Messung von **Lärm** ist nicht möglich, da Lärm ein sozialpsychologisches Phänomen ist und daher nicht meßtechnisch zu erfassen ist. Meßbar sind stattdessen **Geräusche (Schalldruckpegel)**. Zur Beurteilung der Lästigkeit der gemessenen Werte müssen aber auch die subjektiven Komponenten berücksichtigt werden.

→ **Dezibel, Frequenzbewertung, Geräuschmessung, Lärmwirkungen**

Lärmmindernde Landeverfahren

Zur Herabsetzung der **Lärm**belastung beim Landeanflug entwickelte Verfahren.
Hierzu gehört unter anderem das von der Lufthansa eingeführte „Low Drag-Low Power-Verfahren".
Hierbei fliegt das Flugzeug relativ hoch an, fährt dabei aber die Landeklappen weniger aus als bei konventionellen Verfahren. Der Luftwiderstand wird dadurch nur geringfügig vergrößert, so daß ein geringerer Triebwerkschub erforderlich ist.
Ebenfalls im Gegensatz zum konventionellen Landeverfahren, werden die Landeklappen und das Fahrwerk zum spätestmöglichen Zeitpunkt ausgefahren.
Auf diese Weise kann die Lärmbelastung um etwa die Hälfte reduziert werden, da die Triebwerke nicht wie beim konventionellen Verfahren während der ganzen Landephase mit hoher Drehzahl betrieben werden müssen.

 → **Fluglärm**

Lärmmindernde Startverfahren

Eine **Lärmminderung** beim Start von Flugzeugen läßt sich auf zweierlei Art erreichen:

1. durch maximalen Triebwerkschub bei steilem Steigwinkel wird schnell eine für den Lärmschutz günstige Flughöhe angestrebt (sogenanntes Steilstartverfahren)
2. nach dem Abheben wird nur der für einen sicheren Flugbetrieb erforderliche Triebwerkschub eingesetzt, dieses führt zu einem relativ geringen Steigwinkel bei insgesamt längerer, dafür aber stark reduzierter Lärmbelastung

Der Einsatz der beiden Möglichkeiten hängt wesentlich von der Konstruktion der Triebwerke und von der Besiedelung in Flughafennähe ab. Eine weitere Möglichkeit der Lärmminderung besteht darin, den Start aus dem Rollen durchzuführen. Dadurch entfällt das Überprüfen der Triebwerke am Startpunkt vor Beginn des Starts.

→ **Fluglärm**

Lärmminderungs-Anreize

Produktion, Kauf und Benutzung **lärm**armer Geräte und Fahrzeuge können durch die Schaffung spezieller Anreize gefördert werden. Gegenwärtig gibt es solche L.A. für Rasenmäher, Verkehrs- und Sportflugzeuge.

Denkbar sind aber auch **Benutzungsvorteile** für leise Fahrzeuge, die Schaffung von finanziellen Vergünstigungen für lärmarme Fahrzeuge (z.B. teilweise Befreiung von der Kraftfahrzeugsteuer) oder die Erhebung einer Lärmabgabe bei besonderslauten Geräten und Fahrzeugen.

→ **Propeller-Leichtflugzeuge, Umweltzeichen**

Lärmquellen →

Arbeitsplatzlärm, Baulärm, Fluglärm, Freizeitlärm, Gewerbelärm, Industrielärm, Rasenmäherlärm, Schienenverkehrslärm, Schießlärm, Schiffsverkehrslärm, Straßenverkehrslärm, Wohnlärm

L

Lärmsanierungs- und Lärmvorsorgepläne
Viele Gebiete der Bundesrepublik Deutschland sind so sehr mit Lärm belastet, daß sie saniert werden sollten. Andere Gebiete sind so gut wie gar nicht durch Lärm beeinträchtigt und sollten gegen die Gefahr gesichert werden, von Lärm überzogen zu werden.
Hierfür ist es erforderlich, entsprechende Pläne aufzustellen. Der Bundesminister für Umwelt, Naturschutz und Reaktorsicherheit hat bereits in Zusammenarbeit mit den Bundesländern theoretische Grundlagen entwickelt und an Modellen praktisch erprobt (z.B. Lärmminderungspläne Mittelfranken, Oberhausen, Koblenz). Die Immissionsschutzbehörden der Bundesländer haben sich auf ein Konzept geeinigt, nach dem Lärmminderungspläne aufgestellt werden können.
→ **Lärmvorsorge**

Lärmschutz
Maßnahmen zum Schutz vor belästigendem oder gesundheitsgefährdendem **Lärm**.
Hierzu gehört insbesondere die Verhinderung von Lärm durch vorsorgende Planung (z.B. sinnvolle Zuordnung von Wohn- und Industriegebieten mit Mitteln der **Bauleitplanung**), die Verringerung des Lärms an der Quelle (z.B. durch Konstruktion geräuscharmer Motoren oder Änderung der Betriebsweise) die Verhinderung der Ausbreitung des Lärms (z.B. durch **Lärmschutzwände**) oder der Schutz des Betroffenen (z.B. durch **Schallschutzfenster, Gehörschutz**).
Bei allen Lärmschutzmaßnahmen kommt der **Aufklärung** über die bestehenden Lärmschutzmöglichkeiten eine besondere Bedeutung zu.
→ **baulicher Schallschutz, Belästigung, Lärmschutzkosten, Schallschutz**

Lärmschutzbauten
Dem Schutz vor **Lärm** – vor allem an Verkehrswegen – dienende bauliche Anlagen.
Neben **Schallschutzfenstern** und einer vorbeugenden **Grundrißanordnung** (mit Wohn- und Schlafräumen auf der dem

Lärm abgewandten Seite) spielen dabei vor allem folgende Maßnahmen eine Rolle:

- Abschirmung durch **Lärmschutzwände, -wälle** oder Einschnitte (**Pegel**minderung: rund 10 dB(A) bei Entfernung von bis etwa 200 m. Kosten: ca. 800,– bis 1200,– DM je laufenden Meter für 4 m hohe Wände ohne Grundstückskosten)
- **Untertunnelung** oder Abdeckungen (Pegelminderung: 20–40 dB (A) Kosten: ca. 10 000,– bis 60 000,– DM je Meter vierspuriger Straße).

Der von Flugplätzen ausgehende „Bodenlärm" kann ebenfalls durch Schutzbauten gemindert werden. Für die Lärmminderung bei Triebwerksprobeläufen an Flugplätzen haben sich **Lärmschutzhallen** bewährt. Triebwerksprobeläufe werden im Rahmen der Flugzeuginstandhaltung bevorzugt in den Abendstunden oder am frühen Morgen durchgeführt. Die Lärmschutzhallen sind schallabsorbierend ausgekleidet und mindern die Geräusche um 40 bis 60 dB. An militärischen Flugplätzen wurden bis heute 28 Hallen errichtet. Die Baukosten betragen pro Halle ca. 4 Mio. DM.

→ **Baulicher Schallschutz, Einhausung**

Lärmschutzbeauftragter

Aufgabe des L. ist es, den betrieblichen Ablauf auf einem Verkehrsflughafen unter **Lärm**gesichtspunkten zu beobachten und Mittler zwischen Flughafengesellschaften, Luftverkehrsgesellschaften und Bürgern zu sein.

Der L. ist der entsprechenden Landesbehörde unterstellt und von Weisungen der Flughafen- oder Luftverkehrsgesellschaften unabhängig.

→ **Fluglärm, Immissionsschutzbeauftragter**

Lärmschutz-Beratung → Beratungsstellen, Lärmschutztelefone

Lärmschutzbereiche

Nach dem **Fluglärmgesetz** werden für alle Verkehrsflughäfen, die dem Fluglinienverkehr angeschlossen sind und für alle militärischen Flugplätze, die den Betrieb von Flugzeugen mit

Strahltriebwerken zu dienen bestimmt sind, vom Bundesinnenminister – bei zivilen Flugplätzen im Einvernehmen mit dem Bundesverkehrsminister, bei militärischen im Einvernehmen mit dem Bundesverteidigungsminister – durch Rechtsverordnung mit Zustimmung des Bundesrates sogenannte L. festgesetzt. Diese gliedern sich nach dem Maß der Lärmbelastung in zwei Schutzzonen.

In der lauteren Schutzzone 1 dürfen Wohnungen grundsätzlich nicht errichtet werden. In der Schutzzone 2 ist dies nur zulässig, wenn diese bestimmten **Schallschutz**anforderungen entsprechen (durch Rechtsverordnung festgelegt).

In beiden Schutzzonen ist es grundsätzlich verboten, schutzbedürftige Einrichtungen (z.B. Krankenhäuser, Schulen) zu errichten.

Für bereits errichtete Wohnungen und schutzbedürftige Einrichtungen wie z.B. Schulen, Krankenhäuser, Altenheime u.a.

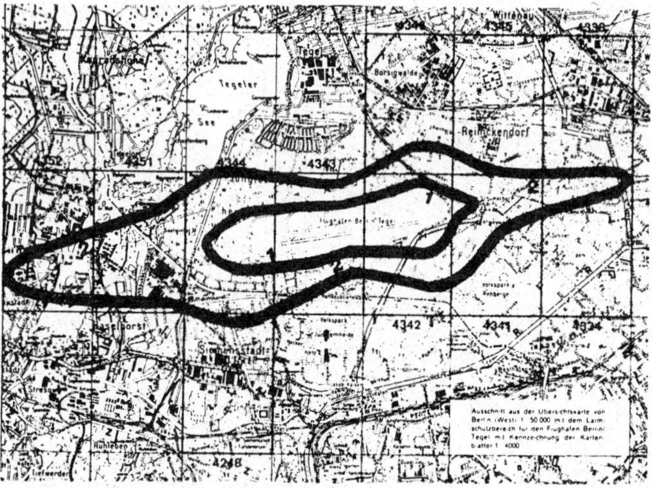

Ausschnitt aus der Übersichtskarte von Berlin (West) 1 : 50 000 mit dem Lärmschutzbereich für den Flughafen Berlin-Tegel mit Kennzeichnung der Kartenblätter 1 : 4000

in der Schutzzone 1 werden unter bestimmten Voraussetzungen die Kosten **baulicher Schallschutzmaßnahmen** dem Grundstückseigentümer erstattet, bei Wohnungen bis zu einer Höhe von 130,– DM pro m^2 Wohnfläche.
→ **Fluglärm, Lärmbereiche**

Lärmschutzfenster → Schallschutzfenster

Lärmschutzhallen → Lärmschutzbauten

Lärmschutz in Gebäuden
Lärmminderung durch bauliche Maßnahmen zum Schutz des Wohnbereiches vor „sozialen“ Geräuschen, die insbesondere durch Trennwände hindurch einwirken. Die wachsende Zahl technischer Geräte in den Haushalten, insbesondere aber die leistungsstarken Geräte der Unterhaltungselektronik führen zu einer steigenden Zahl von Klagen über Lärmbelästigungen durch andere Hausbewohner. Anforderungen an die Schalldämmung von trennenden Bauteilen (z.B. Wände, Decken) enthält die von den Ländern eingeführte DIN Norm 4109 „Schallschutz im Hochbau“.
→ **Altbaufenster, Bauakustik, bauaufsichtliches Prüfzeichen, Bauteilkatalog, Hellhörigkeit, Schallschutzfenster, Wohnlärm, Wärmedämmung/Schalldämmung**

Lärmschutzkosten
Lärmschutz kostet Geld.
So wurde z.B. errechnet, daß bei den im Entwurf des **Verkehrslärmschutzgesetzes** vorgesehenen **Lärmgrenzwerten** (Tag/Nacht) jährlich Kosten in einer Höhe von etwa 1 Mrd. DM für Lärmschutzmaßnahmen anfallen. Allerdings machen diese L. weniger als 10% der Gesamtkosten des Straßenbaus aus.
Aus einer vom Verein Deutscher Ingenieure im Auftrag der EG-Kommission und des Bundesministers für Verkehr durchgeführten Forschungsstudie geht hervor, daß bei den derzeit produzierten und im Gebrauch befindlichen **Kraftfahrzeugen** der Schallpegel im Mittel um 4 dB(A) gesenkt werden kann, wenn für lärmmindernde Maßnahmen etwa DM 500,– pro Fahrzeug aufgewandt werden. Teurer für den einzelnen Bürger sind dagegen Maßnahmen des **passiven Schallschutzes**.

L So muß bei einer Innenwandverkleidung mit Mineralfaserdämmschichten und Gipskartonverkleidungen mit ca. DM 120,– pro m^2 und bei **Schallschutzfenstern** ab 400,– DM pro m^2 gerechnet werden.

Bei Lärmschutzwänden liegen die Preise bei 800,– bis 1200 DM je laufendem Meter, bei Untertunnelungen sogar bei 30 000,– bis 60 000,– DM je Meter. Viel Geld kann gespart werden, wenn bereits bei der Planung die Forderungen des Lärmschutzes frühzeitig berücksichtigt werden.

Je nach Ausführungsart kosten **Verkehrsberuhigung**smaßnahmen z.Z. (1986) zwischen 15 DM und 80 DM pro qm Straßenfläche. Für Maßnahmen nach dem **Fluglärmgesetz** sind bisher (1986) von den Flugplatzhaltern über 755 Mio. DM ausgegeben worden, davon ca. 440 Mio. DM für Erstattungen für baulichen Schallschutz und ca. 316 Mio. DM für weitergehende Maßnahmen zur Fluglärmminderung.

→ **Lärmschutzbauten**

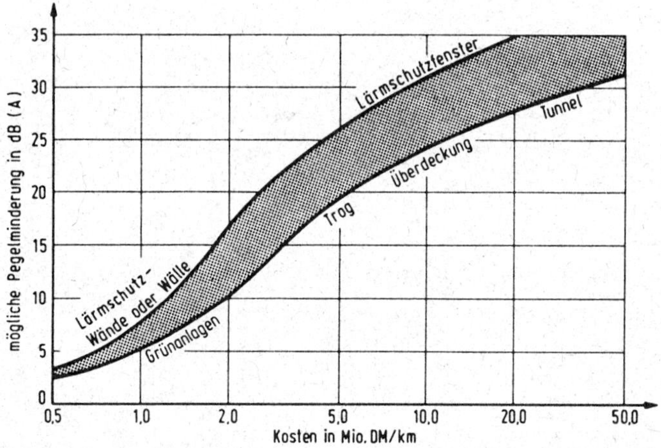

Größenordnung der Kosten für Schallschutzmaßnahmen an beiden Straßenseiten in Mio. DM/km. (nach Reinhold)
Quelle: Umweltbundesamt

L

Lärmschutzpläne

Lärmschutz muß rechtzeitig geplant werden.
Die Bundesregierung prüft z.Z. gemeinsam mit den Bundesländern die Möglichkeit, ähnlich den bereits in der Bundesrepublik Deutschland existierenden Luftreinhalteplänen auch L. aufzustellen.
L. lassen sich nach **Lärmvorsorge** – und **Lärm-Sanierungs-Plänen** unterscheiden.

Lärmschutzwall

Für den **Lärmschutz** errichtete Wälle entlang von Verkehrswegen, die sich im Vergleich zu **Lärmschutzwänden** im allgemeinen ästhetischer und harmonischer in die Landschaft einfügen lassen.
Gegenüber Lärmschutzwänden haben L. einen hohen Platzbedarf und ihr Bau kann erhebliche Grunderwerbsschwierigkeiten und -kosten verursachen.
Man unterscheidet natürliche Erdwälle und Steilwälle mit Stützkonstruktion, letztere benötigen ca. 80% weniger Platz,

Lärmschutzwall mit aufgesetzter Wand: man braucht weniger Platz für den (kleineren) Wall, die Schutzwirkung ist oft besser und die Kosten meist geringer als bei einem ausschließlich aus Erdreich bestehenden Wall.
Quelle: ADAC

sind aber unter Umständen erheblich teurer. Lärmschutzwand und L. lassen sich miteinander kombinieren, in dem auf den L. eine Lärmschutzwand gesetzt wird.

→ **Lärmschutzkosten, Schallschutz, Untertunnelung**

Lärmschutzwand

Aufgrund ihres geringen Platzbedarfes am häufigsten verwendete **Lärmschutz**maßnahme an Verkehrswegen.
Ihre Wirkung nimmt mit zunehmender Höhe zu.
Auf möglichst geringe **Schall**durchlässigkeit muß geachtet werden.
Wichtig ist, daß die Lärmquelle nicht über die L. hinweg gesehen werden kann, damit der **Schall** zum **Immission**sort höchstens durch **Beugung** gelangen kann.
Ein Kompromiß zwischen Lärmschutzwall und L. stellen bepflanzbare L.-Systeme dar, die bei geringem Platzbedarf eine bessere Anpassung an die Umgebung ermöglichen. Eine Begrünung von L. durch Rankenpflanzen oder niedriges Gesträuch wirken sich positiv aus.

→ **Lärmschutzkosten, Untertunnelung**

Lärmschwerhörigkeit

Das menschliche Innenohr enthält ca. 20 000 Sinneszellen (Haarzellen). Diese wandeln die **Schall**wellen in elektrische Signale um, die dem Gehirn zugeleitet werden und dort die Hörempfindung auslösen.
Haarzellen werden durch laute Geräusche in ihrer Leistungsfähigkeit beeinträchtigt. Es kommt zu einer vorübergehenden Vertäubung des Ohres.
Wenn die Geräuschbelastung groß und von längerer Dauer ist, sterben die Haarzellen nach und nach ab.
Da sie nicht regenerationsfähig sind, entsteht ein bleibender Gehörschaden.
Bei diesen Innenohrschäden nimmt zunächst die Hörfähigkeit für hohe Töne ab, bei weiterer Belastung dann auch für tiefe Töne. Gehörschädigende Geräuschbelastungen treten praktisch nur an Arbeitsplätzen und in speziellen Freizeiteinrichtungen (z.B. Discotheken, Schießstände) auf. Man geht heute davon

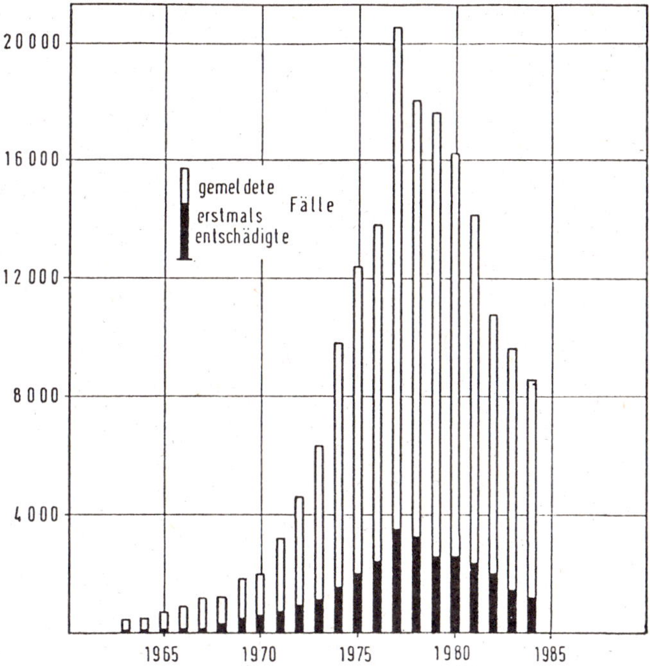

Entwicklung der Lärmschwerhörigkeit in der Bundesrepublik Deutschland
Angezeigte und erstmals entschädigte Fälle
Quelle: Umweltbundesamt

aus, daß die lärmbedingte Schwerhörigkeit bei jahrelanger Einwirkung von Geräuschpegeln über 85 dB (A) eintritt.
Von 1974 bis 1983 war L. die am häufigsten angezeigte und entschädigte Berufskrankheit. 1983 zahlten die Unfallversicherungsträger an 25 500 Personen eine Rente wegen L. Der geschätzte Aufwand beträgt jährlich ca. 85 Mio. DM. Seit 1978 ist die Zahl der angezeigten und erstmals entschädigten Fälle von L. erheblich zurückgegangen. Dies ist auf die getroffenen

Schutzmaßnahmen und die Überwachung gefährdeter Personen im Betrieb zurückzuführen.
→ **Arbeitsplatzlärm, Gesundheitsgefährdung, Hörvorgang, Lärmwirkungen**

Lärmüberwachung → Überwachung

Lärmverordnungen

Verordnungen zur Bekämpfung des **Lärms** bestehen zur Zeit in Berlin, Hamburg, Hessen, Niedersachsen und Rheinland-Pfalz. Gegenstand dieser Verordnungen sind vor allem der Bereich des alltäglichen Lärms (z. B. durch die Benutzung von Tongeräten und Musikinstrumenten, durch Feiern und Parties, durch das Halten von Tieren und durch andere mit Lärm verbundene Tätigkeiten) und der Schutz der **Nachtruhe** mit unterschiedlicher Bemessung der Nachtzeit. Es handelt sich um vermeidbaren Lärm, der durch menschliches Verhalten (Tun oder Unterlassen) verursacht wird, also nicht um Lärm, der beim ordnungsgemäß zugelassenen Betrieb einer Anlage unvermeidlich entsteht. In Bayern und Nordrhein-Westfalen sind diese Gegenstände im Landes-Immissionsschutzgesetz geregelt. Im übrigen gelten Ortsrecht oder die Bestimmungen des Gesetzes über Ordnungswidrigkeiten über unzulässigen Lärm.
→ **Wohnlärm**

Lärmvorsorge

Vorbeugende Maßnahmen zur Lärmminderung.

Im Bereich des Verkehrslärms wird es z.B. künftig darauf ankommen,

– den Verkehrsablauf auf den kommunalen Straßen zu verbessern, indem alle technischen Möglichkeiten (grüne Wellen, verkehrsabhängige Netz- und Knotenpunktsteuerung und ähnliches) ausgeschöpft werden;
– den Verkehrsablauf auf überregionalen Straßen, die durch dichtbesiedelte Gebiete führen, durch Anwendung planerischer Möglichkeiten und verkehrstechnischer Hilfsmittel zu verbessern;

- zu untersuchen, wie durch **Kapselung** der Motoraggregate die Lärmentwicklung bei schweren Nutzfahrzeugen gemindert werden kann;
- den **Kraftfahrzeug**verkehr intensiver zu überwachen;
- vor allem lärmarme Kraftfahrzeuge im öffentlichen Bereich zu verwenden;
- die Planungsträger aller Planungsebenen darüber zu unterrichten, welche Möglichkeiten und Grenzen für die Anwendung von **Lärmschutzbauten** an Verkehrswegen bestehen;
- die Fachplanung des Städtebaus und des Verkehrswegebaus besser aufeinander abzustimmen, damit Siedlungen möglichst wenig unter Verkehrslärm zu leiden haben.

Verkehrsregelnde Maßnahmen sind bisher in erster Linie im Hinblick auf Sicherheit und Schnelligkeit des Verkehrs getroffen worden.
Eine stärkere Beachtung des Schutzes der Straßenanlieger vor Lärm bei der Entscheidung über solche Maßnahmen ist notwendig.
Zahlreiche verkehrsregelnde Maßnahmen wie z.B. die Bündelung des Verkehrs auf Hauptverkehrsstraßen, die Verringerung der zulässigen Höchstgeschwindigkeit innerorts und die Einrichtung verkehrsberuhigter Gebiete könnten ganz entscheidend zur Entlastung der Bevölkerung beitragen.
Schließlich kann der Bürger selbst in seinem Bereich, vor allem durch entsprechende Auswahl und Verwendung technischer Geräte, den Lärm spürbar mindern.

→ **Bundes-Immissionsschutzgesetz, Lärmsanierungs- und Lärmvorsorgepläne, Straßenverkehrslärm, Verkehrslärmschutzgesetz**

Lärmwirkungen

Auswirkungen von **Geräusch**belastungen, die das soziale, seelische oder körperliche Wohlbefinden mindern oder zu Krankheiten führen.
Hauptaspekte der L. sind:
- **Belästigungen** (z.B. Kommunikationsstörungen) und
- Gesundheitsschäden
  (z.B. **Lärmschwerhörigkeit**, Folgen von **Streßwirkungen, Schlafstörungen**).

→ **Bluthochdruck, Gehörschädigung, Gesundheitsgefährdungen**

Lärmwirkungen

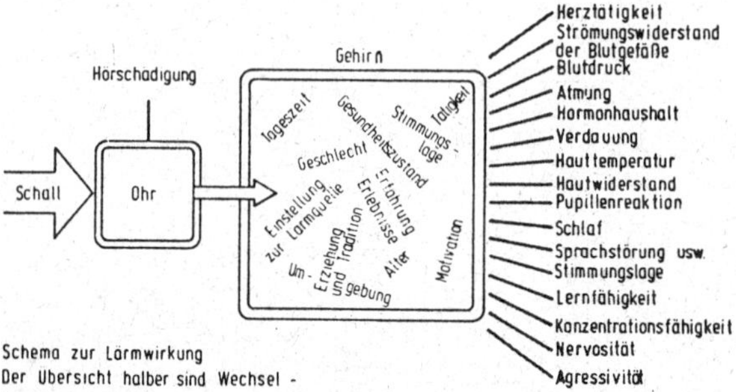

Schema zur Lärmwirkung
Der Übersicht halber sind Wechselbeziehungen im Gehirn und zwischen den Wirkungsformen weggelassen.

Allgemeines Lärmwirkungsschema
Quelle: Umweltbundesamt

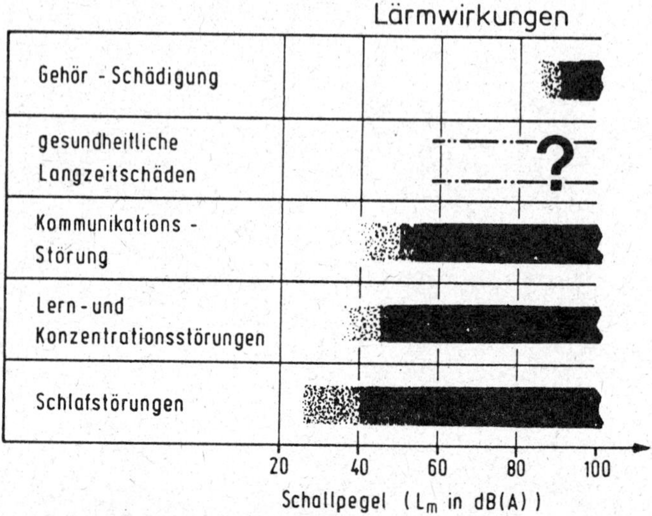

Wichtige Lärmwirkungen (vereinfacht)
Quelle: Umweltbundesamt

Landesplanung

Die Ziele der L. werden in Landesentwicklungs- bzw. Landesraumordnungsprogrammen verbal und graphisch erfaßt – die Planungen in Landesentwicklungs- und auch (Landes-) Raumordnungsplänen festgelegt.

Hierbei werden auch die **Lärmschutz**aspekte berücksichtigt. Generell ist festzustellen, daß die Lärmbelastung durch stationäre Anlagen (z.B. **Industrie- und Gewerbelärm**) kaum noch zunimmt. Dagegen nehmen die Belastungen durch den **Straßenverkehrlärm** immer noch weiter zu.

Dieser Entwicklung versuchen die Maßnahmen der L. wirksam zu begegnen.

→ **Lärmsanierung, Lärmvorsorge, Orientierungswerte, Stadtplanung, Umweltverträglichkeit, Verkehrsplanung**

Lastkraftwagen

L. stellen die lauteste **Kraftfahrzeug**kategorie dar, die Reduzierung des LKW-Lärms ist daher eine vordringliche Aufgabe.
Ziel der hierzu vom **Umweltbundesamt** durchgeführten Forschungsarbeit ist die Erarbeitung von Lärmminderungskonzepten für die verschiedenen LKW-Kategorien vom leichten Verteilerfahrzeug des städtischen Lieferverkehrs bis zu Fernlastwagen, ebenfalls u.a. Müllfahrzeug sowie Baustellenfahrzeuge mit Allradantrieb. Zu diesem Zweck vergibt das Umweltbundesamt Forschungs- und Entwicklungsvorhaben, bei denen in Zusammenarbeit mit LKW-Herstellern lärmarme LKW mit folgenden Anforderungen entwickelt werden:

- Erhebliche Pegelminderung im Typprüfmeßverfahren,
- wesentliche Verbesserung des subjektiven Geräuscheindrucks,
- uneingeschränkte Betriebstüchtigkeit,
- möglichst geringe Mehrkosten sowie
- Minimierung des Mehraufwandes bei Wartung und Reparatur.

Zum Nachweis der Praxistauglichkeit werden die entwickelten Konzepte einer mehrjährigen Erprobung in Kundenhand unterzogen.

L

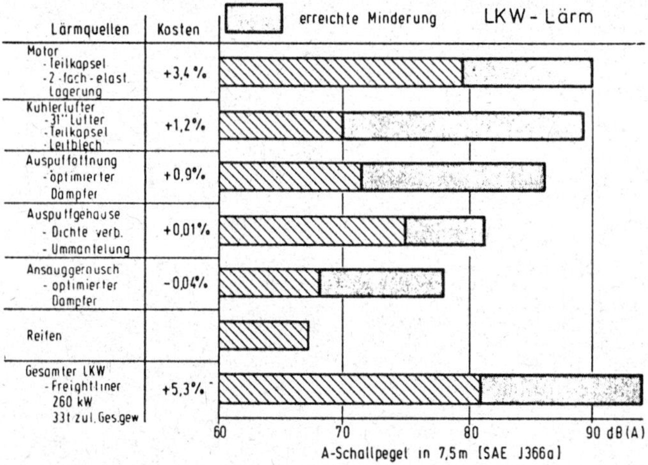

Möglichkeiten der Lärmminderung an Lastkraftwagen
Quelle: Umweltbundesamt

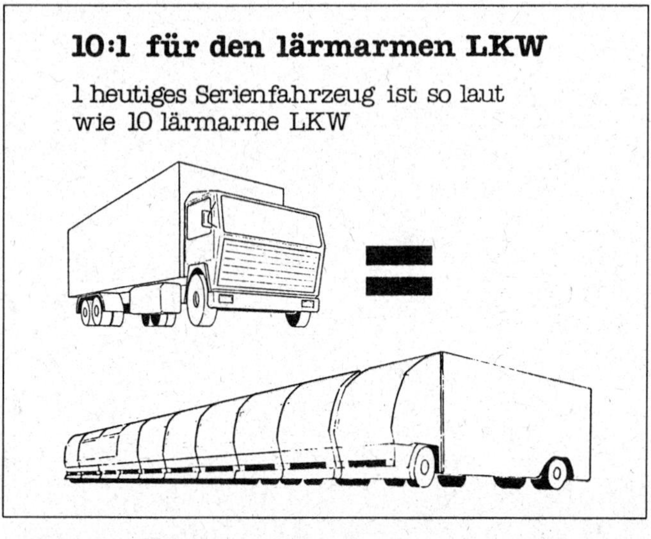

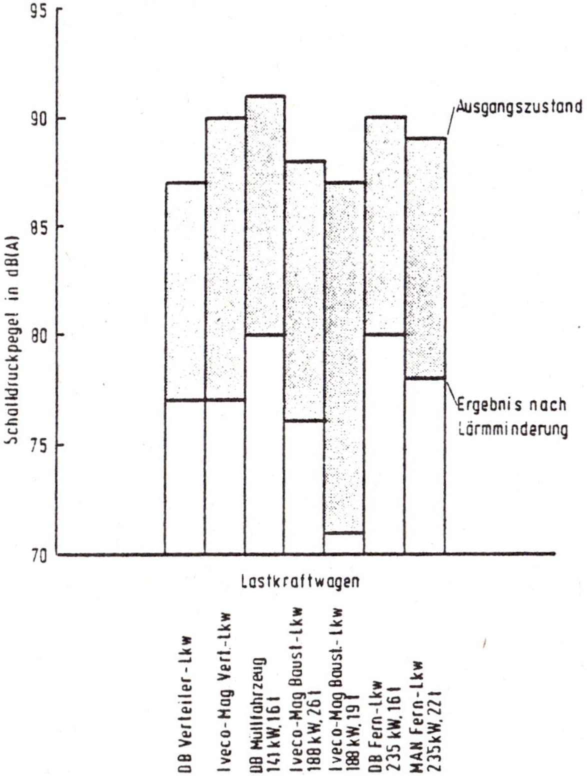

Lärmgeminderte Lastkraftwagen aus dem UBA-Forschungsprogramm (Typprüfwerte nach 70/157/EG bei beschleunigter Vorbeifahrt in 7,5 m Abstand)

Es wurde in allen Fällen die angestrebte Pegelminderung im Typprüfmeßverfahren von 8 oder mehr dB (A) erreicht bzw. überschritten.
Die durchgeführten Praxiserprobungen in Kundenhand zeigten keine nennenswerten technischen Probleme infolge der Lärmminderungsmaßnahmen. Trotz Mehrgewicht zeigen die gekap-

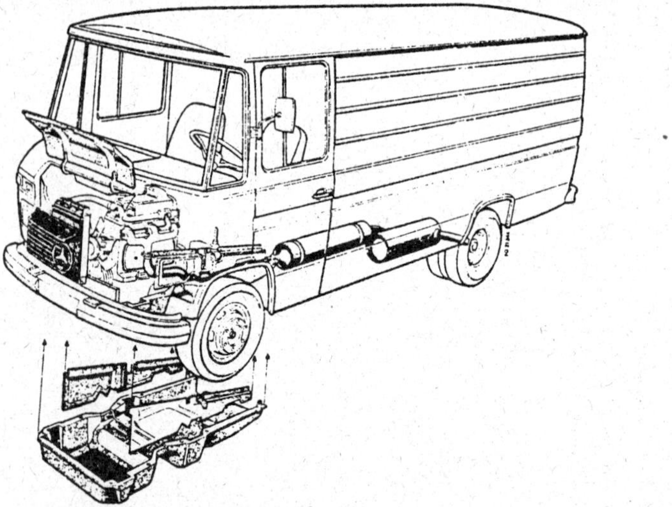

Beispiel für den lärmgeminderten Verteiler-LKW

selten Fahrzeuge eine Tendenz zu geringerem Verbrauch gegenüber Fahrzeugen mit gleichem Motor ohne Kapsel.

Fahrzeugklasse	Geräuschgrenzwerte in Dezibel – dB (A) –		
	bis Anfang 1980 (EG-Richtlinie 70/157/EWG	ab Ende der 80er Jahre (EG-Richtlinie 84/424/EWG)*	**Lärmarme Fahrzeuge** gem. Anlage XXI zum § 49 StVZO
LKW über 3,5 t unter 75 kW	89	81	77
LKW über 3,5 t 75–150 kW	89	83	78
LKW über 12 t über 150 kW	91	84	80

* Frühere und künftige Geräuschgrenzwerte für Lastkraftwagen

→ **Benutzungsvorteile, lärmarme Kraftfahrzeuge, Straßenverkehrslärm**

Lautstärke

Subjektive Empfindung über die Stärke von **Schallereignissen**.

Die L. hängt von der **Frequenz** der Schallereignisse ab. Bei gleichem **Schalldruckpegel** werden Töne im Bereich von 1000 Hz bis 6000 Hz lauter wahrgenommen als Töne außerhalb dieses Bereiches.

→ **Frequenzbewertung, Phon**

Leichtkraftrad

Zweirad mit einem Hubraum von höchstens 80 cm³, einer Höchstgeschwindigkeit von 80 km/h sowie einem **Lärm**grenzwert von 75 dB (A)).

Das L. ist der Nachfolger des bisherigen **Kleinkraftrades**. Bei den heutigen Serienfahrzeugen wurden nicht alle Möglichkeiten zur Lärmminderung ausgeschöpft: ein Forschungsfahrzeug, bei dem Ansaug- und Abgasanlage weiter optimiert wurden, macht ein Fahrgeräusch von nur noch 71 dB(A).

→ **Kleinkraftrad**

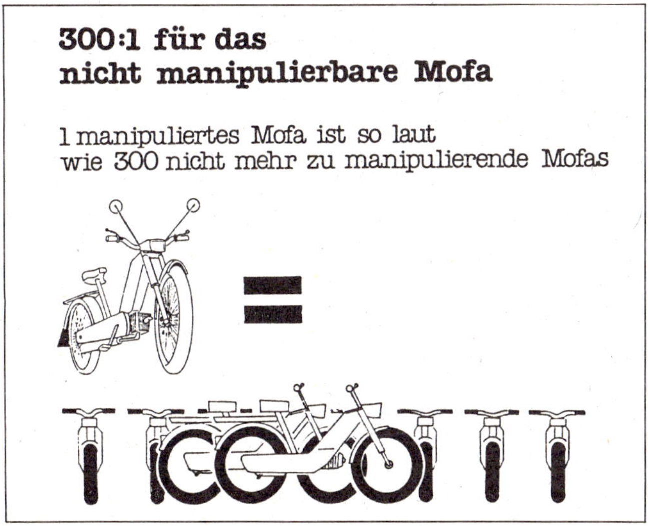

L

Low drag-Low power-Verfahren → **Lärmmindernde Landeverfahren**

Luftschall
Der in Luft sich ausbreitende **Schall.**
→ **Hörvorgang, Körperschall, Luftschallschutz, Trittschall, Wasserschall**

Luftschallschutz
Verringerung der Luftschallübertragung.
L. wird erreicht, durch geeignete Trennelemnete (Wände, Decken), **Kapselung** und **Einhausung.**
Je höher das Flächengewicht (kg/qm) eines einschaligen Bauteils ist, um so besser ist dessen Luft**schalldämmung.**
Mehrschaligkeit der Trennelemente bei genügendem Abstand der einzelnen Schalen und Dämpfungsmaterialien in den Hohlräumen bewirken ebenfalls einen guten L.
→ **Baulicher Schallschutz, schwimmender Estrich, Schwingungsisolierung**

M

Manipulation
An Kraftfahrzeugen widerrechtlich vorgenommene Veränderungen, durch die z. B. die Geschwindigkeit erhöht werden soll, führen meistens zur erhöhten **Lärmbelästigung.**
In großem Umfang werden M. an den geschwindigkeitsbegrenzten motorisierten Zweirädern vorgenommen – ca. 50 % aller **Mofas** sowie **Mopeds** und Mokiks sind manipuliert.
Manipulierte Fahrzeuge sind bis zu 20 dB (A) lauter als Serienfahrzeuge und erzeugen damit **Lärm** wie mittelschwere **Lastkraftwagen.**
Um M. künftig zu verhindern, bzw. deutlich zu erschweren, wurde in Zusammenarbeit mit der Industrie ein sogenannter „Antimanipulationskatalog (AMK)" erarbeitet.
Durch die dort angegebenen Bauvorschriften sowie vorgeschriebenen Kennzeichnungen von austauschbaren Teilen (z. B. Ansauggeräuschdämpfer, Zylinderköpfe, Auspuffanlagen) sollen die Möglichkeiten zur M. eingeschränkt werden. Der AMK ist im § 30 der StVZO verankert und seit dem 1. 1. 1986

Jedes zweite motorisierte Zweirad . . .
. . . erwies sich bei einer im Auftrage des Umweltbundesamtes durchgeführten Untersuchung als manipuliert.
Foto: GLOBUSpress

in Kraft. Zur Überprüfung der Wirksamkeit des AMK und der im Verkehr befindlichen Fahrzeuge wurden mobile Zweiradprüfstände entwickelt.

Meßgeräte

Geräuschmessungen erfolgen hauptsächlich mit Schallpegelmessern.

Diese enthalten als wesentliche Bauelemente ein Mikrofon, mit dem die Druckschwankungen in der Luft in elektrische Signale umgewandelt werden, ein Filter zur **Frequenzbewertung**, einen Gleichrichter zur Bestimmung des effektiven **Schalldrucks**, eine Zeitbewertungsschaltung zur Berücksichtigung der Lautstärkeempfindung für kurze Signale und eine Anzeige. Für die Aufzeichnung und Auswertung von Schallvorgängen können an Schallpegelmessern weitere Geräte angeschlossen werden wie z.B. Magnetbandgeräte, Schallpegelschreiber u.a. Neuerdings sind **Schallintensitäts**meßgeräte auf dem Markt (Kosten: 50 000 bis 100 000 DM). Diese gestatten die Schallquellenortung und die Schalleistungsbestimmung auch in akustisch ungünstigen Umgebungen, in denen herkömmliche Schalldruckmesser versagen.

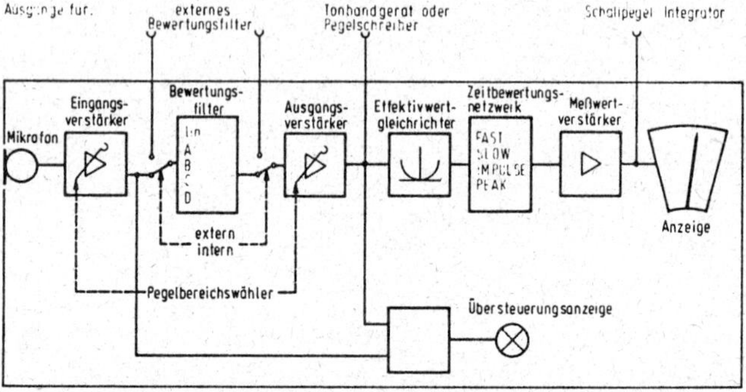

Blockschaltbild eines Präzisionsschallpegelmessers
Quelle: Umweltbundesamt

Meßgrößen

Geräusche kann man nach ihrer Stärke (**Schalldruck**, bzw. Schalldruckpegel angegeben in **Dezibel**), nach ihrem Klangcharakter (**Frequenzen**) und nach ihrer zeitlichen Dauer unterscheiden. Um Geräusche unterschiedlicher Art und Dauer, wie sie z.B. an Verkehrswegen auftreten hinsichtlich ihrer Stärke (Pegel) miteinander vergleichbar zu machen, werden Mittelwerte, sogenannte **Mittelungspegel**, gebildet.

→ **Beurteilungspegel, bewertetes Schalldämmaß, Durchgangsdämmaß, Einfügungsdämmaß, Meßgeräte, Mittelungspegel, Schallgeschwindigkeit, Schalleistung, Schalleistungspegel**

Meßverfahren

Um zu sinnvollen, vergleichbaren und kontrollierbaren Messungen zu kommen, müssen alle Einflußgrößen bekannt sein und bei der Messung berücksichtigt werden.

Ein M. legt unter Berücksichtigung des Aufwandes die Einzelheiten der Messung fest, wie z.B. die Meßgrößen, die **Meßgeräte**, die Meßorte, die Meßdauer, Zahl der Einzelmessungen, Auswertungsverfahren.

M. für **Geräusche** sind für die verschiedensten Zwecke in gesetzlichen und technischen **Regelwerken** festgelegt.

→ **Geräuschmessung, Kontrollmeßverfahren, Prüfung von Kraftfahrzeugen**

Mindestabstände

Trotz aller dem **Stand der Technik** entsprechenden Maßnahmen zur **Emissionsminderung** kann es beim Betrieb emittierender gewerblicher Anlagen in der unmittelbaren Umgebung zu Gefahren, erheblichen Nachteilen oder erheblichen Belästigungen durch Geräusche kommen, wenn der Abstand zwischen Emissionsquellen und schutzbedürftigen Gebieten nicht ausreicht. Insbesondere bei der **Bauleitplanung** muß daher bei der Zuordnung der gewerblich genutzten Gebiete und der dem Wohnen dienenden Gebiete von vornherein auf ausreichenden Abstand geachtet werden.

Innerhalb von Städten sollte allerdings berücksichtigt werden, daß zu große Abstände Nachteile für Stadtbild und Stadtentwicklung haben können. In solchen Fällen müssen andere

M Lärmschutzmaßnahmen erwogen werden (z.B. Wände, Wälle, weniger empfindliche Nutzungen). In Nordrhein-Westfalen wurde für Zwecke der Bauleitplanung ein **Abstandserlaß** veröffentlicht, der Belange des Lärmschutzes berücksichtigt und von den Gewerbeaufsichtsämtern beachtet werden muß. Die M. stellen eine Planungshilfe dar. Bei baurechtlichen oder immissionsschutzrechtlichen Genehmigungen ist unabhängig davon zu überprüfen, ob die Genehmigungsvoraussetzungen gegeben sind.

→ **Genehmigungsverfahren, Landesplanung**

Mindestanforderungen

Anforderungen an die Schalldämmung von Bauteilen nach DIN 4109 „Schallschutz im Hochbau". Die M. gewähren kein störungsfreies Wohnen, sondern lediglich einen Mindestschallschutz. Daraus ergibt sich insbesondere die Notwendigkeit gegenseitiger Rücksichtnahme durch Vermeidung unnötigen Lärms. Das **Umweltbundesamt** plädiert für einen verbesserten Schallschutz. Für Trennwände und -decken sollte ein **bewertetes Bauschalldämmaß** von $R'w = 55$ dB angestrebt werden. Dieses halbiert die Lautheit gegenüber den jetzigen Mindestwerten ohne nennenswerte Mehrkosten (weniger als 0,5 % der reinen Baukosten) bei Beibehaltung üblicher Wandkonstruktionen und Wandstärken. In Zusammenarbeit mit dem Verein Deutscher Ingenieure untersucht das Umweltbundesamt, ob in Ergänzung zu den Anforderungen der DIN 4109 eine schallschutztechnische Klassifizierung von Wohnungen für die Information des Bürgers vorteilhaft sein kann.

→ **Hellhörigkeit, Lärmschutz in Gebäuden, Türen**

Mittelungspegel

Zur Erfassung einer **Geräusch**situation über bestimmte Zeiträume (z.B. Tages- oder Nachtzeit) gebildeter Schallpegel-Mittelwert.

Mobilität

Möglichkeit zwischen verschiedenen Orten frei zu verkehren oder den Wohnsitz frei zu wählen.

Die in den vergangenen Jahren vollzogene städtebauliche Entwicklung zur Trennung zwischen Wohn- und Arbeitsstätten

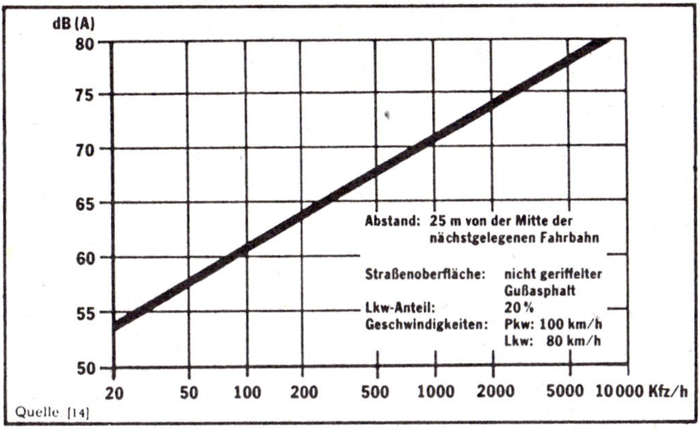

So nimmt der Mittelungspegel mit der Fahrzeugdichte zu.
Quelle: ADAC

führte zu einer erzwungenen M. und damit u.a. zu erhöhten Lärmbelastungen, da die zusätzlichen Fahrten überwiegend mit dem PKW gemacht werden. Die M. mit dem PKW wurde bisher auch von der Verkehrsplanung stark gefördert – öffentlicher Personennahverkehr, Radwegebau aber auch die M. der Fußgänger wurden z.T. stark vernachlässigt. Dabei wurde oft vergessen, daß extreme M. („Jedem Bürger sein eigenes Auto“) und weitgehende Immobilität nahe beieinander liegen, berücksichtigt man die Abhängigkeit von der Kraftstoffversorgung und der Kapazität der Verkehrswege. Die erhöhte M. durch den PKW begünstigte die Abwanderung einkommensstärkerer Haushalte aus den Städten in das Umland (**Soziale Segregation**). Die innerstädtische Belastung durch den Straßenverkehr und seine Folgen hat diesen Prozeß seit Mitte der 60er Jahre zusätzlich beschleunigt: 8 % aller Umzüge aus den Großstädten und 15 % der Umzüge aus den Stadtkernen in das Umland wurden durch zu starken Straßenverkehrslärm ausgelöst. Weitere 26 % der abwandernden Haushalte (42 % der Abwanderer aus dem Stadtkern) wanderten aus anderen Gründen ab (z.B. zu kleine Wohnung), entschieden sich aber für eine Wohnung im Umland wegen der dort herrschenden geringeren Lärmbelastung.

M

Modellflugzeuge → Flugmodelle

Mofa

Mit Pedalen versehenes motorisiertes Zweirad mit einem Hubraum von höchstens 50 cm^3, einer Höchstgeschwindigkeit von 25 km/h sowie einem Grenzwert von 70 db(A).
Ca. 50 % aller M. sind widerrechtlich **manipuliert** und dabei um bis zu 20 dB (A) lauter als Serienfahrzeuge.
Solche Fahrzeuge stellen ein besonderes **Lärm**problem dar.
→ **Kraftfahrzeuge, Lärmarme Mofa, Straßenverkehrslärm**

Moped, Mokick

Mit Pedalen (Moped) oder festen Fußrasten (Mokick) versehenes motorisiertes Zweirad mit einem Hubraum von höchstens 50 cm^3, einer Höchstgeschwindigkeit von 50 km/h sowie einem **Grenzwert** von 72 dB(A).
Ähnlich wie bei den Mofas stellen auch hier **manipulierte** Fahrzeuge ein besonderes **Lärm**problem dar.
→ **Kraftfahrzeuge, Straßenverkehrslärm, lärmarmes Mofa**

Motorboot

Motorbetriebene Wasserfahrzeuge für die Freizeitgestaltung oder Sportausübung. Hierzu zählen auch motorisierte Segel- und Schlauchboote, Luftkissenboote u.a.
Der **Lärm** von M. hängt vor allem von deren Motorleistung ab. Er beträgt bei Vollast in 25 m Abstand bis zu 70 dB(A) (Motoren mit weniger als 10 kW) bzw. 80 dB(A) (Motoren mit mehr als 10 kW). Unsachgemäße Montage des Motors kann diese Werte deutlich erhöhen, speziell bei Schlauchbooten sind Erhöhungen um 10 dB (A) möglich.
→ **Freizeitlärm, Schiffsverkehrslärm, Verkehrsverbote**

Motorgeräusch

Summe der von den Motoraggregaten (Brennkammer, Ventiltrieb, Zahnräder, Ketten, Kühlanlage u.a.) abgegebenen Geräusche.
Das M. hängt im wesentlichen von der Motordrehzahl und zu einem geringeren Teil von der Motorlast (Gaspedalstellung) ab.

Eine Verdoppelung der Motordrehzahl ergibt beim Otto-Motor einen Anstieg des M. um ca. 15 dB(A). Ein mit 4000 U/min betriebener Motor ist etwa so laut wie 32 Motoren, die mit 2000 U/min laufen.
Bei Dieselmotoren ergibt eine Verdoppelung der Motordrehzahl ein um ca. 9 dB(A) höheres M. Niedertouriges Fahren ist daher eine wesentliche Voraussetzung für lärmarmes Fahren.
→ **Anlassergeräusch, Auspuffgeräusch, Fahrgeräusch, Fahrverhalten, Gaswechselgeräusch**

Motorkettensägen

Mit Verbrennungsmotoren ausgestattete mobile Kettensägen, die zu erheblichen Lärm**belästigungen** führen können.
Besonders laut sind die mit 1-Zylinder-2-Takt-Verbrennungsmotoren ausgestatteten M., deren Lärmwerte (**Schalleistungspegel**) je nach Belastung und Einsatz zwischen 85 und 121 dB(A) liegen.
Der **Lärm** von M. läßt sich durch Maßnahmen am Motor, (z.B. durch Verwendung geeigneter Auspuff- und Ansaugschalldämpfer) sowie Maßnahmen am Einsatzort (z.B. Verwendung von Abschirmwänden) verringern.

Motorrad

Zweirad mit einem Hubraum von mehr als 50 cm³ und unbegrenzter Höchstgeschwindigkeit. Die **Grenzwerte** sind nach dem Hubraum gestaffelt:

Hubraum	Grenzwert
$\leqslant$ 80 cm³	78 dB(A)
$\leqslant$ 125 cm³	80 dB(A)
$\leqslant$ 350 cm³	83 dB(A)
$\leqslant$ 500 cm³	85 dB(A)
$>$ 500 cm³	86 dB(A)

Im Rahmen eines Forschungsvorhabens des **Umweltbundesamtes** wurde u.a. an einem Serienmotorrad mit luftgekühltem 2-Zylinder-Motor (BMW R 80) durch Modifikation der Ansaug- und Abgasschalldämpfer sowie durch umfangreiche

M

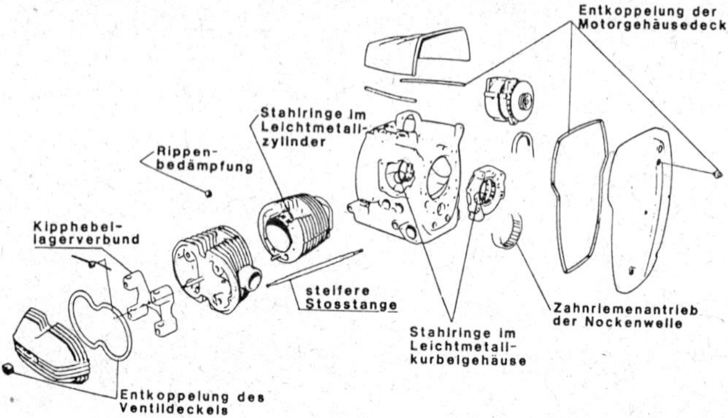

Akustisch modifizierte Motorbaugruppen

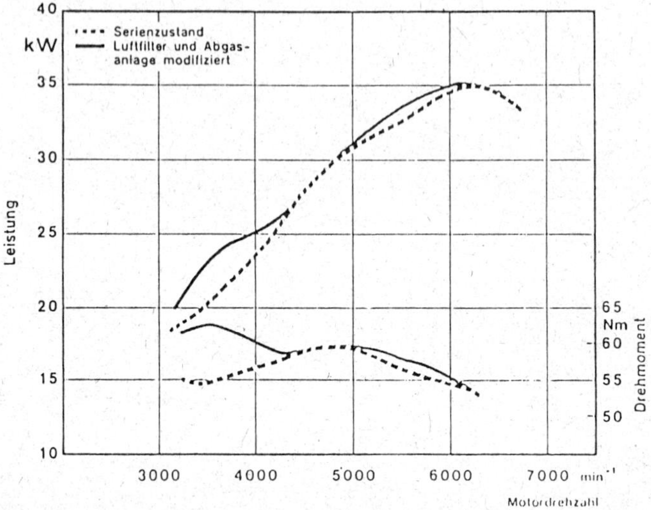

Einfluß der geräuschmindernden Maßnahmen auf den Drehmoment- und Leistungsverlauf des Motors (Typ R 80)

Die „Flüster-BMW" von Porsche/BMW

motorinterne Maßnahmen die Möglichkeiten der Lärmminderung untersucht. Die Veränderungen führten nicht zu Leistungseinbußen: in den unteren Drehzahlbereichen konnten sogar deutliche Drehmoment- und Leistungszunahme erzielt werden, wodurch eine niedertourige, lärmarme Fahrweise begünstigt wurde.

Im 2. Gang nach der zur Zeit gültigen Vorschrift ECE R41 konnte eine Geräuschreduzierung von 85 dB (A) auf 77,5 dB (A), also um 7,5 dB erzielt werden. Das Ergebnis liegt um 9 dB (A) unter dem gültigen Grenzwert.

Die Modifikationen haben ein Mehrgewicht von 7 kg (3,2 %) zur Folge, es wird vor allem durch die verbesserte Abgasanlage (5,8 kg) verursacht. Das Erscheinungsbild des Fahrzeugs konnte erhalten bleiben.

Auf Basis dieses und anderer Forschungsergebnisse setzt sich die Bundesregierung derzeit für künftig herabgesetzte EG-Grenzwerte ein.

M Fahrer von M. haben die Wahl, durch vernünftige Fahrweise geräuscharm zu fahren oder rücksichtslos soviel Krach zu machen wie schwere **Lastkraftwagen.**

→ **Fahrverhalten, Gangwahl, Kraftfahrzeug, Motorgeräusch, Straßenverkehrslärm**

Motorsportveranstaltungen

Auf öffentlichen Straßen sind Rennen mit **Kraftfahrzeugen** verboten (**Straßenverkehrsordnung**). Wenn durch M. die **Nachtruhe** gestört werden kann, muß für diese Veranstaltungen eine besondere Erlaubnis eingeholt werden. Motorsportanlagen müssen im Sinne des **Bundes-Immissionsschutzgesetzes** ein vereinfachtes **Genehmigungsverfahren** durchlaufen sofern an mindestens 5 Tagen im Jahr M. ausgeübt werden.

→ **Freizeitlärm**

Müllfahrzeuge

M. können, vor allem beim Einsatz in ruhigen Gebieten und zu ruhigen Tageszeiten (z.B. Morgenstunden) zu besonderen **Belästigungen** der Nachbarschaft führen.

Man unterscheidet Drehtrommelwagen (der Müll wird in eine sich drehende Trommel geschüttet und verdichtet) und Pressplatten- bzw. Schwenkarmwagen (die Verdichtung erfolgt durch hydraulisch betriebene Platten).

Hauptgeräuschquellen von M. sind der Fahr- und Antriebsmotor, die Hydraulikanlage, die Schüttung und die Drehtrommel (bei Drehtrommelwagen).

Im Auftrag des **Umweltbundesamtes** wurde ein lärmarmes M. entwickelt.

Durch rund 25 Einzelmaßnahmen an den typischen Aufbauten dieses M., wie Schüttung, Trommel und Hydraulik, konnten die Arbeitsgeräusche so stark vermindert werden, daß der Fahrzeuglärm jetzt nur noch vom Motor bestimmt wird.

Der mittlere Geräuschpegel bei der Entleerung von Mülltonnen in den Wagen konnte soweit gesenkt werden, daß erst 10 dieser neuen M. soviel Lärm erzeugen wie ein Fahrzeug alter Bauart. In einem weiteren Forschungsvorhaben wurde zusätzlich ein lärmgeminderter Fahrzeugantrieb (Motor) entwickelt, so daß nunmehr insgesamt lärmarme M. in den Kommunen eingesetzt werden könnten, wenn Hersteller solche Fahrzeuge anbieten würden. **M**

→ **Kommunalfahrzeuge**

Nachbarschaftslärm → Freizeitlärm, Wohnlärm **N**

Nachhall

Durch **Reflexionen** an Begrenzungsflächen hervorgerufenes Nachklingen des **Schalls** in Räumen.

N. erhöht den **Schalldruckpegel** in Räumen, z.B. in Fabrikhallen, Treppenhäusern, und kann daher zu einer Erhöhung der **Belästigung** führen. Durch die Verkleidung von Decken und Wänden mit schalldämpfendem Material läßt sich der N. verringern.

→ **Schalldämpfung, Schallreflexion**

Nachtflugbeschränkungen

Zur Minderung des **Fluglärms** ist an allen Verkehrsflughäfen der Bundesrpublik Deutschland der Flugbetrieb stark eingeschränkt. An einigen Flughäfen gibt es Ausnahmen von den bestehenden N. für besonders leise Flugzeuge (**Benutzungsvorteile**).

Nachtruhe

In den meisten Bundesländern sind Spezialvorschriften erlassen worden (**Lärmverordnungen** oder entsprechende Bestimmungen in Landes-Immissionsschutzgesetzen), nach denen lärmverursachende Betätigungen, die die N. stören, verboten sind. Im übrigen gelten die Vorschriften des Gesetzes über Ordnungswidrigkeiten über unzulässigen Lärm. Die Nachtzeit ist festgelegt auf die Zeit von

- 20 bis 7 Uhr in Hamburg und Hessen,
- 22 bis 7 Uhr in Bayern, Berlin, Niedersachsen und Rheinland-Pfalz sowie
- 22 bis 6 Uhr in Nordrhein-Westfalen;

N

in Berlin gelten noch Sonderbestimmungen für die Abendstunden von 20 bis 22 Uhr.

Der Straßenverkehr kann eingeschränkt werden nach den Bestimmungen der **Straßenverkehrsordnung.**

An allen Verkehrsflughäfen der Bundesrepublik Deutschland bestehen **Nachtflugbeschränkungen** auf der Grundlage des Luftverkehrsgesetzes.

Die **TA Lärm** setzt die Nachtzeit für Zwecke der immissionsschutzrechtlichen **Genehmigung** auf die Zeit von 22 bis 6 Uhr fest.

→ **Freizeitlärm, Nachtfahrverbot, Wohnlärm**

Nahfeldmessung → Prüfung von Kraftfahrzeugen

Nahverkehr → Öffentlicher Personennahverkehr

Normen → Regelwerke

O

Öffentlicher Personennahverkehr

(ÖPNV) Jedermann zugängliche öffentliche Nahverkehrsmittel, wie z. B. S-Bahn, U-Bahn, Straßenbahn, Linienbusse.

Der ÖPNV hat gegenüber dem Individualverkehr mit **Personenkraftwagen** deutliche Vorteile.

Neben einer Verringerung des **Lärms** fährt der ÖPNV pro Personenkilometer um ca. 20 % billiger, und verursacht 75 % weniger Abgase.

Um den ÖPNV zu fördern, wird es darauf ankommen, diesen insbesondere für den Berufsverkehr attraktiver zu machen. Hierzu ist es erforderlich, die Reisezeiten zu verkürzen, daß Sitzplatzangebot zu vergrößern und dem Reisenden insgesamt mehr für den Reisepreis zu bieten.

Dieses kann u.a. durch Einrichtung getrennter Fahrspuren, Bevorrechtigung an Ampelanlagen, Ausbau der Netze, Verbesserung der Linienführung sowie durch Einführung neuer Beförderungssysteme geschehen.

O

Erhöhen läßt sich die Attraktivität des ÖPNV auch durch (übertragbare) „Umweltfahrscheine", die bereits in einigen Städten der Bundesrepublik Deutschland angeboten werden.
Ein gut funktionierender ÖPNV ist eine wichtige Voraussetzung für eine wirksame **Verkehrsberuhigung**.

Orientierungswerte

In der Neufassung des Normenentwurfs DIN 18 005 „Schallschutz im Städtebau" enthaltene Werte (früher: Planungsrichtpegel) die je nach Baugebiet (z. B. reines Wohngebiet, Gewerbegebiet, Industriegebiet) und Tageszeit unterschiedlich sind. Diese Werte sollten bei Neuplanungen im Städtebau aus Gründen des Umweltschutzes angestrebt werden.
→ **Grenzwerte**

P

Parkplätze → Ruhender Verkehr

Park + Ride

Verkehrssystem, das die Vorteile des Individualverkehrs und des **öffentlichen Personennahverkehrs** miteinander verbindet. Im Gebiet mit geringem Verkehrsaufkommen, wie z. B. in den Außenbereichen der **Verdichtungsräume** kann die Anfahrt an den Rand der Stadt mit dem privaten **Personenkraftwagen** erfolgen. Der Fahrgast parkt dort sein Fahrzeug (Auto/**Fahrrad**) und fährt mit dem öffentlichen Verkehrsmittel in das Zentrum weiter. P. u. R.-Systeme können die Umweltbelastung in Ballungsgebieten wesentlich verringern. Ein gut funktionierendes P. u. R.-System im Berufsverkehr besteht z. B. in Hamburg.

Passiver Schallschutz → Schallschutz

Pegel, Schalldruckpegel, Schalleistungspegel

Maßangabe für physikalische Größen (z. B.: **Schalldruckpegel**), **Schalleistungspegel**).
→ **Dezibel**

Personenkraftwagen (PKW)

PKW tragen aufgrund ihrer Menge erheblich zum **Straßenverkehrslärm** bei.

Der vom einzelnen PKW erzeugte **Lärm** hängt sowohl vom Fahrzeug als auch vom **Fahrverhalten** ab.

Die Antriebsgeräusche lassen sich vor allem durch **Kapselung** des Motors verringern.

Vor allem bei PKW mit Dieselmotoren ist wegen des höheren Leerlaufgeräusches und wegen des besonders störenden „Kaltstartnagelns" eine Motorkapsel angebracht.

Mit einer relativ einfachen Kapselung hat das Volkswagenwerk im Rahmen eines Forschungsvorhabens des **Umweltbundesamtes** einen Golf um 10 dB (A) leiser gemacht.

Einige Firmen bieten inzwischen Diesel-PKW serienmäßig mit Motorkapsel an.

Derzeit beträgt der **Grenzwert** für das **Fahrgeräusch** von PKW 80 dB (A).

→ **Gangwahl, Kraftfahrzeug, Park and Ride, Verkehrsberuhigung**

Erster gekapselter Serien-PKW (Mercedes 190 D)

P

Phon

Im Bereich des Umweltschutzes nicht mehr verwendetes Maß für die subjektive Wahrnehmung eines Geräusches (Lautstärkepegel). An die Stelle von P. ist als Meßgröße das Dezibel getreten.

Planfeststellung

Die P. dient dem Ziel, eine einheitliche Sachentscheidung über die Gestaltung weiträumiger Bauvorhaben und ihre Einordnung in die sie umgebende Umwelt durch eine Verwaltungsbehörde in einem Verfahren herbeizuführen. Im Bereich des Lärms bedeutsame P.-Verfahren, in denen der Bürger Bedenken geltend machen kann oder in denen über die Lärmschutzbelange mit entschieden wird, werden u. a. im Bereich des

- Baus und der wesentlichen Änderung von Straßen (Bundesfernstraßengesetz),
- Baus und der Änderung von Eisenbahnen (Bundesbahngesetz),
- Baus und der Änderung von Flughäfen (Luftverkehrsgesetz) und des
- Baus von Abfallbeseitigungsanlagen (Abfallgesetz)

durchgeführt.

Im Rahmen dieses Verfahrens werden die Träger öffentlicher Belange (u.a. die für den Lärmschutz zuständige Behörde) beteiligt und die Planentwürfe in den betroffenen Gemeinden zur öffentlichen Einsicht ausgelegt. Diese Auslegung dauert normalerweise 4 Wochen und wird in der Regel in der Zeitung bekanntgemacht. Es können nur von der Planung betröffene Personen Einsprüche vorbringen. Über die Einsprüche entscheidet die jeweilige Planfeststellungsbehörde (z.B. die Landesstraßenbaubehörde). Gegen einen Planfeststellungsbeschluß sind Widerspruch und Verwaltungsklage möglich.

Innerhalb bebauter Gebiete kann die Planfeststellung durch einen Bebauungsplan ersetzt werden.

Das Planfeststellungsverfahren ist sowohl für die Behörden als auch für den Bürger eine wichtige Möglichkeit zur Prüfung der vorgesehenen Lärmschutzvorkehrungen bei größeren Planun-

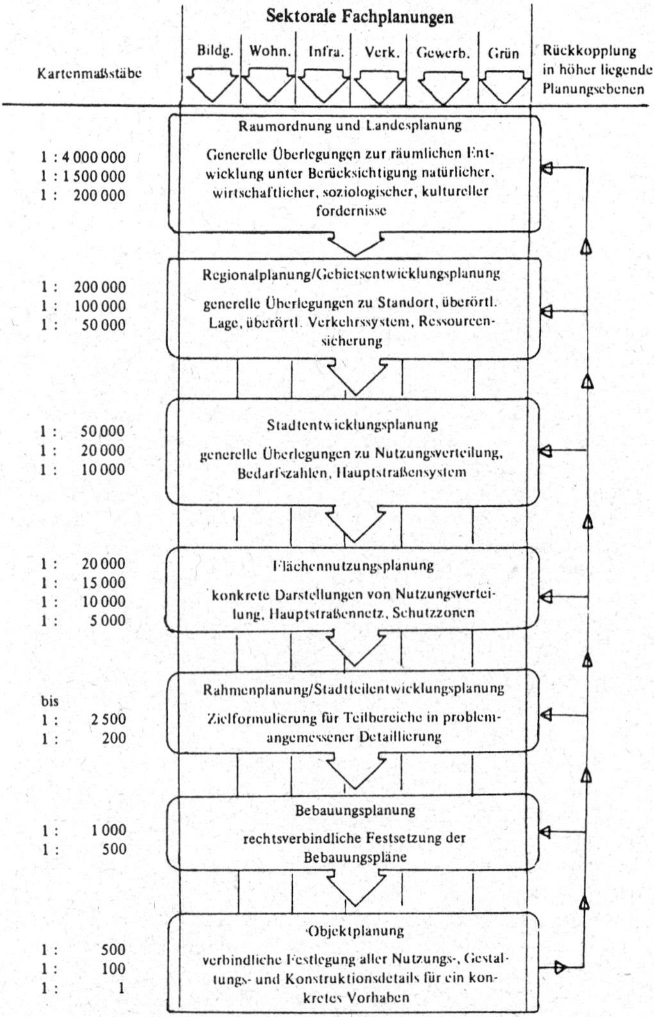

 Planungsebenen der Raum-, Fach- und Bauleitplanungen

gen. In den meisten Fällen (z.B. bei allen Autobahnen und Bundesstraßen) ist in diesem Planungsstadium allerdings vieles bereits entschieden: erstens ist die grundsätzliche Entscheidung für oder wider die Straße bereits getroffen, zweitens ist die Linienführung bereits festgelegt (siehe **Raumordnungsverfahren**). In diesem Stadium können also nur noch kleine Veränderungen vorgenommen und flankierende Maßnahmen gefordert werden. Für den Bürger ist die P. meistens die erste Gelegenheit, die Planung kennenzulernen.

→ **Bauleitplanung, Genehmigungsverfahren, Straßenplanung, Verkehrsplanung**

Planungsrichtpegel → Orientierungswerte

Produktinformation

In der freien Marktwirtschaft mit ihrem umfangreichen Angebot an Gütern und Leistungen ist es für den Konsumenten in vielen Bereichen nicht möglich, seine Kaufentscheidung an Umweltschutzgesichtspunkten auszurichten, da ihm wesentliche Informationen nicht zur Verfügung stehen (z.B. Informationen über den **Lärm** von **Haushaltsgeräten**).

Um einen Hinweis auf umweltfreundliche Produkte zu geben, verleiht die „Jury Umweltzeichen" seit 1978 das **Umweltzeichen** für umweltfreundliche Produkte und Verfahren. Eine von einigen Industrieverbänden propagierte P., bei der für Haushaltsgeräte wichtige Informationen auf orangefarbenen Plaketten angegeben werden sollen, hat sich bisher nicht durchgesetzt.

→ **Kennzeichnung**

Prognoseverfahren (Geräuschbelastung)

Verfahren zur Vorhersage künftiger Geräuschbelastungen. P. werden bei der Planung von neuen Anlagen oder der Erarbeitung von **Flächennutzungsplänen** eingesetzt. Grundlagen von P. sind die Geräusch**emissionen** der einzelnen Schallquellen und Angaben zur Schallausbreitung. P. sind in folgenden Regelungen enthalten: Richtlinien für Lärmschutz an Straßen (RIS 81), DIN 18 005, VDI 2714 – 2720 – 2571, Anleitung zur Berechnung von Lärmschutzbereichen (AzB).

→ **Geräuschimmission**

P

Propellergetriebene Leichtflugzeuge

Bei P. (im allgemeinen kleinere Sportflugzeuge) wird das Überfluggeräusch überwiegend durch den Propeller erzeugt.
Eine **Lärmminderung** kann durch Herabsetzung der Propellerdrehzahl bei gleichzeitiger geringer Vergrößerung des Propellerdurchmessers und Veränderung der Blattgeometrie erreicht werden.
Das ebenfalls bedeutsame **Auspuffgeräusch** bei P. kann gegenwärtig nicht wirksam verringert werden, da die vorhandenen Schalldämpfer für den Einsatz in Leichtflugzeugen zu schwer und zu groß sind.

→ **Benutzungsvorteile, Flugbetriebsbeschränkungen**

Prüfung von Kraftfahrzeugen

Nach § 29 Abs. 1 der **Straßenverkehrszulassungsordnung** unterliegen alle Fahrzeuge, die ein eigenes Kennzeichen haben müssen, einer regelmäßigen Untersuchungspflicht.
Bisher wird eine **Lärmmessung** an **Kraftfahrzeugen** nur dann durchgeführt, wenn die **Geräuschentwicklung** nach dem subjektiven Eindruck des Prüfers als zu hoch empfunden wird. Der Grund hierfür liegt darin, daß einerseits die Prüfungsgebühren eine derartige Prüfung nicht beinhalten und deswegen auch nicht alle Prüfstände mit einer ausreichenden Anzahl von Lärmmeßgeräten ausgestattet sind.
Zum anderen sind die derzeit gültigen Meßtoleranzen aus juristischen Gründen sehr hoch angesetzt, so daß nur wirklich erhebliche Geräuschüberschreitungen beanstandet werden können. Derartige Fälle lassen sich aber meist bereits durch eine Sichtprüfung feststellen, da hier in der Regel technische Änderungen oder mechanische Schäden an der **Auspuffanlage** vorliegen.
Um die P. v. K. zu erleichtern, hat der Bundesminister für Verkehr im Jahre 1976 eine Richtlinie zur Nahfeldmessung veröffentlicht. Diese bietet der Polizei die Möglichkeit, vor Ort Lärmsünder festzustellen. Die Anwendung der Richtlinie war bisher erschwert, da die für die Beurteilung heranzuziehenden Meßwerte erst neuerdings in den Kraftfahrzeugschein eingetragen werden.

Mit Hilfe der „Nahfeldmessung“ lassen sich heute Lärmsünder schnell feststellen.
Foto: GLOBUSpress

P

Speziell für die Prüfung von im Verkehr befindlichen, geschwindigkeitsbegrenzten motorbetriebenen Zweirädern wurde ein mobiler Prüfstand entwickelt, mit dem sich Geräuschverhalten, Höchstgeschwindigkeit und Motorleistung ermitteln lassen.
→ **Manipulation**

Prüfzeichen → Bauaufsichtliches Prüfzeichen, Umweltzeichen

R

Radlader
In der „Allgemeinen Verwaltungsvorschrift zum Schutz gegen Baulärm" sind für R. **Immissions**richtwerte zwischen 81 und 85 dB (A) (10 m Pegel, je nach Betriebsweise und Leistung) festgelegt. Auf dem Markt befinden sich aber wesentlich leisere R.: der leiseste R. hat einen 10 m-Immissionswert beim Arbeitseinsatz von „nur" 70 dB (A).

Rad-Schiene-Geräusch
Das in der Kontaktzone zwischen Rad und Schiene entstehende Geräusch ist die Hauptgeräuschquelle bei Schienen-

fahrzeugen. Durch gute Wartung der Schienen (z.B. durch regelmäßiges Schleifen) und Räder kann das R. erheblich verringert werden.
→ **Schienenverkehrslärm**

Ramme → Baulärm

Rasenmäherlärm

Rasenmäher stören vor allem durch ihren Betrieb in Ruhe- und Erholungszeiten (Feierabend/Wochenende). Ihre große Anzahl – jedes Jahr werden in der Bundesrepublik Deutschland 600 000 Stück verkauft – läßt sie zu einem weit verbreiteten Problem werden. Der Betrieb von Rasenmähern ist in der **Rasenmäherverordnung** geregelt. Schon heute sind eine Reihe von lärmarmen Rasenmähern (weniger als 60 dB(A)) im Handel – diese können mit dem **Umweltzeichen** ausgestattet werden.
→ **Belästigung, Benutzungsvorteile, EG-Richtlinie, Freizeitlärm, Gartengeräte, Lärmquellen**

Rasenmäherverordnung

Die Achte Verordnung zur Durchführung des **Bundes-Immissionsgesetzes** (Rasenmäherlarm) vom 28. Juli 1976 (BGBl I, S. 2024), geändert am 11. August 1980 (BGBl I, S. 1298), regelt das Inverkehrbringen und den Gebrauch von Rasenmähern. Sie schreibt vor, daß Rasenmäher hinsichtlich ihrer **Geräuschemission** und Leistung gekennzeichnet und bestimmte Geräuschwerte nicht überschritten werden dürfen.

Leistung in kW	Grenzwert in dB (A)
bis 3	68
über 3 bis 7	72
über 7	77

Nach der R. dürfen Rasenmäher grundsätzlich nur werktags in der Zeit von 7.00 bis 19.00 Uhr benutzt werden, leise Motorrasenmäher (weniger als 60 dB (A)) dürfen dagegen auch von

R

Foto: GLOBUSpress

19.00 bis 22.00 Uhr sowie an Sonn- und Feiertagen betrieben werden (**Benutzungsvorteile**). In einigen Bundesländern gelten strenge Vorschriften. Wer gegen diese Vorschriften verstößt, handelt ordnungswidrig (Bußgeld!).

Die zulässigen **Schalleistungspegel** von Rasenmähern werden im Bereich der EG einheitlich geregelt (Richtlinie 84/538/EWG von 1984).

→ **Benutzungsvorteile, Lärmverordnungen, VDI-Lärmreport, Rasenmäher**

Raumordnungsverfahren

Das R. dient der Abstimmung größerer Bauvorhaben (z.B. Bundesfernstraßen, Wasserstraßen, **Eisenbahnlinien**) mit der **Landesplanung** und mit den Planungsvorhaben anderer Planungsträger. Eine **Bürgerbeteiligung** ist hierbei nicht vorgesehen, – jedoch werden „Träger öffentlicher Belange" (z.B. Bundesbehörden wie das **Umweltbundesamt**) beteiligt.

Reflexion

Rückwurf von Schallwellen z.B. an Gebäuden oder Wänden.

→ **Nachhall, Schallausbreitung**

Regelwerke

Technische R. dienen der einheitlichen Festlegung von Begriffen und Merkmalen im technischen Bereich. Sie erleichtern damit Rationalisierung und Qualitätssicherung auch unter dem Gesichtspunkt des Umweltschutzes. Internationale Normen fördern den internationalen Austausch von Waren und Dienstleistungen und die internationale Zusammenarbeit schlechthin.

Für den Bereich des **Lärmschutzes** sind die Normen von ISO und DIN sowie die Richtlinien des VDI von besonderer Bedeutung. Im Bereich des **Fluglärms** sind noch die Arbeiten der International Civil Avigation Organization (ICAO – Sitz Montreal/Kanada) zu erwähnen.

Träger der deutschen Normungsarbeit ist das Deutsches Institut für Normung e.V. (DIN). Eine Norm ist das veröffentlichte Ergebnis der nationalen und/oder internationalen Normungsarbeit. Normen dienen der Vereinheitlichung. I.a. steht die Anwendung frei, eine Pflicht zur Anwendung kann sich aus

Rechts- oder Verwaltungsvorschriften, Verträgen oder sonstigen Rechtsgrundlagen ergeben. So sind verschiedentlich Normen in den Bundeländern durch Verwaltungsvorschriften als **Technische Baubestimmungen** im Sinne der **Bauordnungen** eingeführt (in einigen Ländern z.B. DIN 4109 – Schallschutz im Hochbau). Die Texte der Normen sind erhältlich über Beuth Verlag GmbH, Burggrafenstraße 4, 1000 Berlin 30. Die International Organization of Standardization (ISO) mit Sitz in Genf/Schweiz ist die internationale Normungsorganisation für alle Bereiche außer dem elektrischen und elektronischen; sie hat über 80 Mitglieder. Für die Bundesrepublik Deutschland ist das DIN Mitglied.

Die Richtlinien des Vereins Deutscher Ingenieure (VDI-Richtlinien) geben allen Bereichen des öffentlichen Lebens als praxisnahe Entscheidungshilfen wertvolle Hinweise zum **Stand der Technik**. In Rechts- und Verwaltungsvorschriften kann auf VDI-Richtlinien verwiesen werden. So bestehen in einigen Bundesländern Erlasse über die VDI-Richtlinie 2058 Blatt 1 (Beurteilung von Arbeitslärm in der Nachbarschaft). Mit der Richtlinienarbeit auf dem Gebiet des **Lärms** beschäftigt sich die Kommission Lärmbekämpfung des VDI; die entsprechenden VDI-Richtlinien sind im Handbuch Lärmbekämpfung zusammengefaßt (Vertrieb: Beuth Verlag GmbH, Burggrafenstraße 4, 1000 Berlin 30).

→ **Grenzwerte, Meßverfahren**

Reifen-Fahrbahn-Geräusch

Durch den Abrollvorgang des Reifens auf der Fahrbahn entstehendes **Geräusch**, das stark von der Fahrgeschwindigkeit abhängt:

Geschwindigkeit	Schallpegel in 7,5 m Abstand PKW	LKW
50 km/h	67 dB(A)	72 dB(A)
60 km/h	70 dB(A)	75 dB(A)
80 km/h	75 dB(A)	78 dB(A)
100 km/h	79 dB(A)	81 dB(A)
120 km/h	82 dB(A)	–

Tabelle: Reifen-Fahrbahn-Geräusch für PKW und LKW

Für die Höhe des Geräusches sind der Aufbau, das Profil und die Abmessungen des Reifens wie auch die Oberflächenstruktur der Fahrbahn von Bedeutung. Nach neueren Forschungsergebnissen steigt der **Lärm** mit der Breite und Gummihärte des Reifens und sinkt mit wachsendem Reifendurchmesser. Kleine, scharfkantige Körnungen in der Oberflächenstruktur der Fahrbahn helfen ebenfalls, den Lärm zu verringern.
Die Entstehung und Minderung des R.F.G. wird seit 1978 in einem Forschungsprogramm des Bundesministers für Forschung und Technologie intensiv erforscht. Als Ergebnis erwartet man eine Reifen-Fahrbahn-Kombination, die um etwa 10 dB(A) leiser ist als heute üblich.
→ **Straßenpflaster**

Rennveranstaltungen → Motorsportveranstaltungen

Richtlinien → Regelwerke

Richtwerte → Baustellen, Grenzwerte

Rolläden

R. können wirksam vor Lärm schützen, wenn sie nicht zu nahe vor der Fensterscheibe (Abstand mindestens 15 cm) angebracht werden. Sie sollten möglichst schwer und dicht schließend sein. Je nach Material und Anbringung kann eine **Schalldämmung** von bis zu 15 dB (A) erreicht werden. Bei ungünstiger Anbringung der R. kann die Schalldämmung – insbesondere bei tiefen **Frequenzen** – sich sogar insgesamt verschlechtern.
Durch den Rolladenkasten muß mit einer Verschlechterung der gesamten Fensterschalldämmung bis zu 10 dB gerechnet werden. Der Schall dringt durch den Rolladenschlitz oder durch die Seitenwände des Kastens ein. Besonders bei Rollläden ohne Steinblende sind Schallschutzmaßnahmen am Kasten erforderlich. Eine Reihe von kritischen Stellen sind zu überprüfen und gegebenenfalls zu beseitigen.
- Blechstreifen aus 2 mm dickem Aluminium, aus 1 mm dickem Zink oder Blei werden innen auf den Montagedeckel und auf die Kastenwände aufgebracht;
- Der Hohlraum soll mit Mineralfaserfilz ausgekleidet werden.

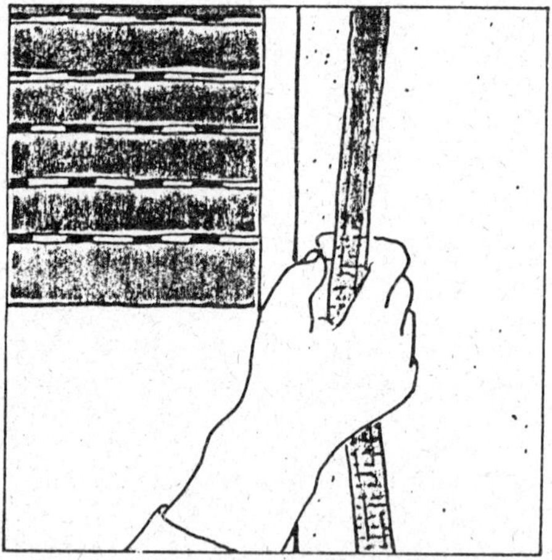

Wer selbst kein Lärmverursacher sein will, läßt den Rolladen langsam herab und zieht ihn nicht ruckartig hoch.

– Die Fugen des Montagedeckels sollen mit dauerelastischem Kitt verschlossen werden. (Vor dem Andrücken der Klappe wird eine dünne Künststoffolie eingelegt, damit die Klappe wieder geöffnet werden kann.)
– Der Gurtschlitz wird verkleinert.

Kosten der Gesamtmaßnahme 150 bis 200 DM.

→ **Altbaufenster, Baulicher Schallschutz, Schallschutz an Gebäuden, Schallschutzfenster**

Rollgeräusche → Rad-Schiene-Geräusch, Reifen-Fahrbahn-Geräusch

Ruhe

Abwesenheit störender **Geräusche.** R. darf nicht mit Stille verwechselt werden, die das Fehlen jeglicher Geräusche bedeutet und von vielen Menschen als unangenehm empfunden wird.

→ **Nachtruhe**

Ruhender Verkehr

R

Bezeichnung für die auf öffentlichen und privaten Flächen abgestellten **Kraftfahrzeuge**.
Umweltbelastungen entstehen vorwiegend durch das Abstellen und Wiederinbetriebnehmen der Kraftfahrzeuge sowie durch den sogenannten „Parksuchverkehr".
Der Bau und Betrieb von Anlagen für den r. V. wird in Garagenordnungen (z. B. Reichsgaragenordnung) geregelt. Wichtig ist die Bedarfsrechnung für Anlagen des r.V.: mit steigenden Parkkapazitäten steigt auch der Kraftfahrzeugverkehr und die Umweltbelastung!

Ruhezeiten → Nachtruhe

Sanierung → Lärmsanierung

S

Schall

Schwingungsvorgang in Gasen, Flüssigkeiten oder festen Stoffen. Der vom Menschen hörbare S. umfaßt **Frequenzen** (Schwingungen je Sekunde) von 16 bis 16 000 Hertz.
→ **Geräusche, Körperschall, Luftschall, Trittschall, Wasserschall**

Schallausbreitung → Ausbreitung von Schall

Schalldämmlüfter

Schallgedämpfte Lüftungselemente gibt es in verschiedenen Ausführungen:
im Rolladenkasten, im Fensterrahmen von Hohlprofilen neben, unter, über Fenstern, im Brüstungsfeld und als Wand- oder Vorsatzelement.
Ein Lüftungselement für einen Luftvolumenstrom von 50 m^3/Stunde ist empfehlenswert. Die Querschnittsfläche sollte 70 cm^2 betragen und durch Schieber stufenlos verringert werden können. Lüfter sollten immer regelbar sein.
Ein **Prüfzeugnis** gibt Auskunft über wichtige technische Daten. Man beachte, daß der Schalldämmwert von Lüftern häufig in D_{nw} angegeben wird. Er liegt 10 bis 14 dB über dem R_w-Wert. Der Preis liegt je nach Schallschutzklasse zwischen 500 bis 900 DM/lfm. mit Montage.

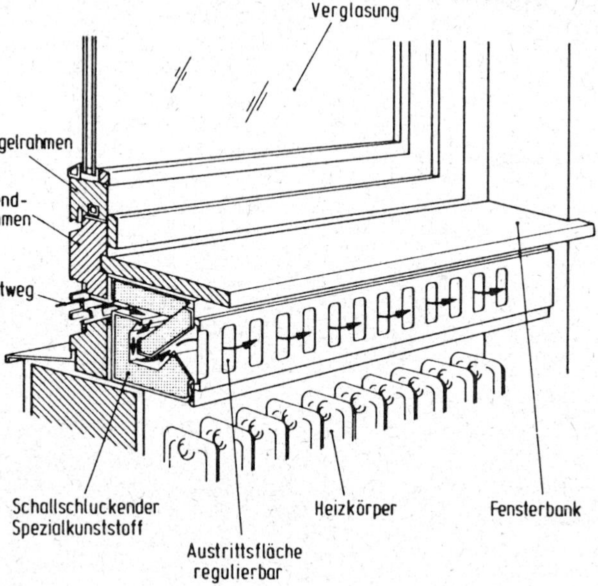

Schallgedämmte Kanallüftung im Fensterbereich
Quelle: Umweltbundesamt

Schalldämmung

Maßnahmen zur Ausbreitungsverhinderung von **Schall**.
In den Normen DIN 4109 und DIN 52 210 wird die Definition, Messung und Bewertung der Schalldämmung von Bauteilen behandelt.

→ **Bauteilkatalog**

Schalldämpfer → Auspuffanlage

Schalldämpfung

Vorgang in der **Akustik**, bei dem **Schallenergie** in Wärme umgewandelt wird.

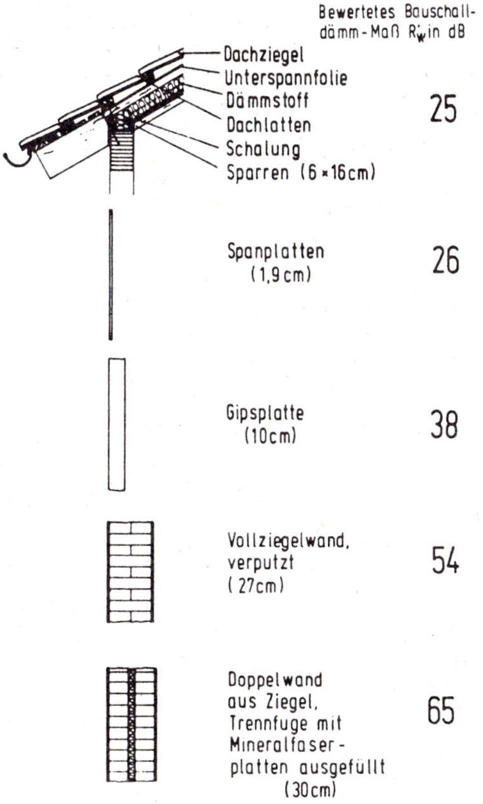

Beispiele für die Schalldämmung üblicher Konstruktionen und Bauelemente Quelle: Umweltbundesamt

Bei der S. wird der **Luftschall** in poriges Material (z. B. Teppiche, Vorhänge, besondere Platten) geleitet und dort durch Reibung vernichtet.
Mit den Maßnahmen der S. kann der Schallpegel in Räumen um bis zu 8 dB(A) gesenkt werden.

Zum Schutz der Nachbarräume eignen sich aber besser die **schalldämmende** Wirkung von Trennwänden, mit denen eine Dämmung bis zu 55 dB (A) erreicht wird.

Schalldruck

Durch das **Schall**ereignis hervorgerufene Änderungen des Luftdrucks, physikalische Einheit: 1 Pascal = 1 Newton/m^2.
Der S. (Schmerzgrenze), der als Schmerz wahrgenommen wird, ist ca. 3 Mio. mal so groß wie das leiseste gerade noch wahrnehmbare Geräuschereignis (Hörschwelle).

Schalldruckpegel

Maß für die Stärke eines **Schallereignisses.**
→ **Dezibel**

Schallgeschwindigkeit

Ausbreitungsgeschwindigkeit des **Schall**vorganges im jeweiligen Medium.
Die Sch. ist temperaturabhängig, sie beträgt z.B. in der Luft bei 0 °C 331 m/sec. und bei 15 °C 340 m/sec.

Schalleistung

Die pro Zeiteinheit abgestrahlte **Schall**energie einer Schallquelle, physikalische Einheit 1 Watt (W).
Die S. oder auch der **Schalleistungspegel** werden zur Beschreibung der **Emission** von Schallquellen herangezogen.

Schalleistungspegel

Maß für die **Emission** einer Schallquelle.
→ **Dezibel, Frequenzbewertung**

Schallintensität

Die pro Zeiteinheit durch die Flächeneinheit gestrahlte Schallenergie.
→ **Meßgeräte**

Schallmessung → Geräuschmessung

Schallschluckende Maßnahmen → Schalldämpfung

Schallschutz

Maßnahmen zur Verminderung oder Vermeidung von **Lärm** unmittelbar an der Lärmquelle (aktiver Schallschutz) oder auf

dem Wege der Schallausbreitung bzw. am Immissionsort (passiver Schallschutz).
Praktische Beispiele für aktiven Schallschutz sind die Konstruktion lärmarmer Motoren oder die **Kapselung** derselben. Beispiele für passive Schallschutzmaßnahmen sind **Schallschutzfenster, Lärmschutzwände, Lärmschutzwälle** und die Verwendung von **Gehörschutz**.
→ **Aktiver Schallschutz, baulicher Schallschutz, Einhausung, Lärmschutz**

Schallschutz durch Bepflanzung

Die Schallschutzwirkung von Bepflanzungen wird häufig überschätzt. Eine einzelne Baumreihe oder Hecke ist schalltechnisch fast wirkungslos, hat jedoch positive Wirkungen auf das subjektive Wohlbefinden der Bürger. Um eine spürbare **Pegel**minderung gegenüber freier **Schall**ausbreitung zu erreichen, sind sehr tiefe (mindestens 50 m) und dichte Bepflanzungen ausreichender Höhe notwendig. Bei Schallausbreitung durch dichten, belaubten Bewuchs rechnet man mit einer zusätzlichen Pegelminderung von etwa 0,5 dB(A) je 10 m Tiefe des Bewuchses, jedoch insgesamt nicht mehr als 10 dB(A).
Bei Anlage der Bepflanzung ist auf eine bis zum Boden hin dichte Belaubung zu achten.

Schallschutzfenster

Fenster mit speziellen konstruktiven Merkmalen (z. B. umlaufende elastische Dichtungen zwischen Flügel- und Blendrahmen, Mehrfachverglasung aus Isolierglas, evtl. mit Gasfüllung und/oder Einfachgläsern unterschiedlicher Dicke bei möglichst großem Scheibenabstand).
Fenster werden nach der VDI-Richtlinie 2719 „**Schalldämmung** von Fenstern" in 6 Schallschutz-Klassen eingeteilt (bei der **Schallschutz**klasse 6 beträgt das Schalldämmaß mehr als 50 **Dezibel**). Der Einbau von S. ist oft die einzig wirksame Maßnahme zum Schutz vor **Straßenverkehrs-** und **Fluglärm**. Die Wirksamkeit der S. hängt in großem Maße von ihrem sorgfältigen Einbau ab. Da der Schallschutz nur bei geschlossenem

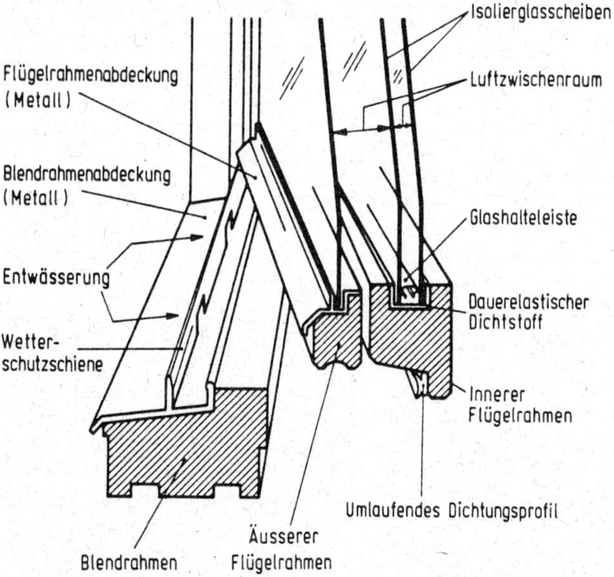

Profilansicht eines Schallschutzfensters mit Holzrahmen (Verbundfenster)
Quelle: Umweltbundesamt

Fenster erreicht wird, ist oft ein zusätzlicher Einbau schallgedämmter Lüftungseinrichtungen notwendig.
→ **Altbaufenster, Baulicher Schallschutz, Schalldämmlüfter, Schallschutz an Gebäuden**

Schienenverkehrslärm

Wird im wesentlichen durch das Abrollen der Räder (**Rad-Schiene-Geräusche**), durch Rangiergeräusche und durch akustische Signale verursacht.
Eine Vielzahl von **Lärmschutz**-Maßnahmen (z.B. Einsatz von Scheibenbremsen anstatt Klotzbremsen, Einführung von **Geschwindigkeitsbegrenzungen**, Bau von **Lärmschutzwänden** und -Wällen u.a.) haben die Belästigung der Bevölkerung durch Sch. in den letzten Jahren verringert.

 → **Straßenbahnen**

Schießlärm

In der Bundesrepublik Deutschland gibt es mindestens 8000 Freizeitschießanlagen, auf denen größtenteils mit Kleinkalibergewehren und Pistolen geschossen wird.
Je nach Auslegung der Anlage können im Umkreis von 80–300 m Pegel über 50 dB(A) auftreten.
Besonders hohe Belastungen ergeben sich bei Wurftauben-Schießständen, bei denen eine **Einhausung** der Anlage nicht möglich ist.

Ähnliches gilt auch für (militärische) Schießanlagen (Standort), deren Größe einen kostenmäßig vertretbaren Schallschutz oft unmöglich macht.
S. ruft bei Unbeteiligten vielfach Schreckreaktionen hervor und wird als besonders belästigend empfunden. Schießstände und -Plätze unterliegen einem vereinfachten **Genehmigungsverfahren** nach dem **Bundes-Immissionsschutzgesetz.**

→ **Freizeitlärm**

Schiffsverkehrslärm

Die von Schiffen und **Motorboot**en ausgehenden **Geräusche** können als besonders störend empfunden werden, da die Gewässer zu bevorzugten Ausflug- und Erholungsgebieten gehören.
Als besonders lästig werden die nieder**frequent**en Schwingungen der Auspuffgase bei größeren Binnenschiffen empfunden, die auch zu **Erschütterungen** der Fensterscheiben bei in der Nachbarschaft gelegenen Gebäuden führen können.
Nach der „Binnenschiffahrts-Untersuchungsordnung (1977)“ darf der Schallpegel von Binnenschiffen in einer Entfernung von 25 m den Wert von 75 dB(A) nicht überschreiten.
Im Jahr 1978 durchgeführte **Lärm**messungen haben ergeben, daß dieser Grenzwert noch von etwa 40 % der Schiffe überschritten wurde.
Der zunehmende Ersatz älterer Schiffe durch moderne, deutlich leisere Schubboote verbessert jedoch die Lärmsituation zusehends.
Für die Freizeitschiffahrt gibt es noch keine Lärm**grenzwerte**, jedoch wird der Motorbootverkehr vielerorts durch Mengen-

S beschränkungen, örtliche und/oder zeitliche Fahrverbote geregelt.

→ **Lärmquellen**

Schlafstörungen

S. treten häufig auf und werden in verstärktem Maße auf Umwelteinwirkungen zurückgeführt.

Lärm kann, da er auf den menschlichen Organismus aktivierend wirkt, zur Erschwerung und Verzögerung des Einschlafens und zum Aufwachen führen sowie die empfundene Schlafqualität mindern.

Informationshaltige Geräusche wirken sich besonders störend aus. Anhaltende S. sind als gesundheitsgefährdend anzusehen.

→ **Lärmwirkungen**

Schmerzgrenze

Geräusche mit Schallpegeln über 130 dB lösen spontan eine Schmerzempfindung aus und können unter Umständen auch das Trommelfell zum Platzen bringen.

→ **Hörvorgang, Lärmwirkungen**

Schutzzonen → Lärmschutzbereiche

Schwimmender Estrich

Estrich, der erst nach Verlegung einer elastischen Zwischenschicht über dieser aufgetragen und von den Wänden durch Fugen getrennt wird.

Durch diesen Aufbau „schwimmt" der Estrich auf der elastischen Schicht (meist Mineralfasermatte).

S. E. verhindert die Ausbreitung von **Trittschall.**

Seine Dämmwirkung wird merkbar herabgesetzt, wenn an einzelnen Stellen eine unmittelbare Verbindung zwischen Estrich und Rohdecke oder der Wand besteht.

→ **Bauakustik**

Schwingungsisolation

Maßnahmen zur Verhinderung der Ausbreitung von Schwingungen innerhalb von Gebäuden. Je nach **Frequenz** der auftretenden Schwingung und Masse des Erregers dienen hierzu Luftfedern (für Frequenzen von 0,5–3 Hz), Metallfedern (1,5–8 Hz), Gummifedern (von 5–20 Hz) oder Korkplatten, Fasermatten, Verbundplatten u. a. (über 15 Hz).

Weitere Informationen hierzu finden sich in der VDI-Richtlinie 2062 Blatt 1 und Blatt 2.

→ **Baulicher Schallschutz, Erschütterungen**

Sonntagsfahrverbot → Straßenverkehrsordnung

Soziale Segregation

Unterschiedliche Wohnstandortwahl von Haushalten aus unterschiedlichen sozialen Schichten:
Haushalte mit höherem Einkommen wohnen meist ruhiger während Haushalte mit niedrigem Einkommen (vor allem

Monatliches Nettoeinkommen der Haushalte in Abhängigkeit vom Wohnungstyp und von der Lärmbelastung
(Quelle: 1 %-Wohnungsstichprobe 1978)

Baujahr/ Wohnungstyp	Anzahl der Wohnungen (Mio.)	Anteil der Wohnungen mit dauernd starkem Straßenverkehrslärm	Anteil der Wohnungen ohne dauernd starkem Straßenverkehrslärm	Durchschnittseinkommen in Wohnungen mit dauernd starkem Straßenverkehrslärm	Durchschnittseinkommen in Wohnungen ohne dauernd starkem Straßenverkehrslärm
Freifinanzierte Mietwohnungen	10,4	25 %	25 %	–	–
1972–1978	1,0	13 %	35 %	2120 DM	2260 DM
1965–1971	1,4	18 %	33 %	2040 DM	2180 DM
1949–1964	2,8	24 %	25 %	1950 DM	
1919–1948	2,1	25 %	24 %	1840 DM	
vor 1919	3,2	31 %	20 %	1725 DM	
Eigentumswohnungen, Eigenheime	8,6	16 %	33 %	–	–
1972–1978	1,3	8 %	43 %	2820 DM	2920 DM
1965–1972	1,3	10 %	40 %	2570 DM	2800 DM
1949–1964	2,6	14 %	34 %	2460 DM	
1919–1948	1,3	19 %	28 %	2140 DM	
vor 1919	2,1	25 %	24 %	2000 DM	

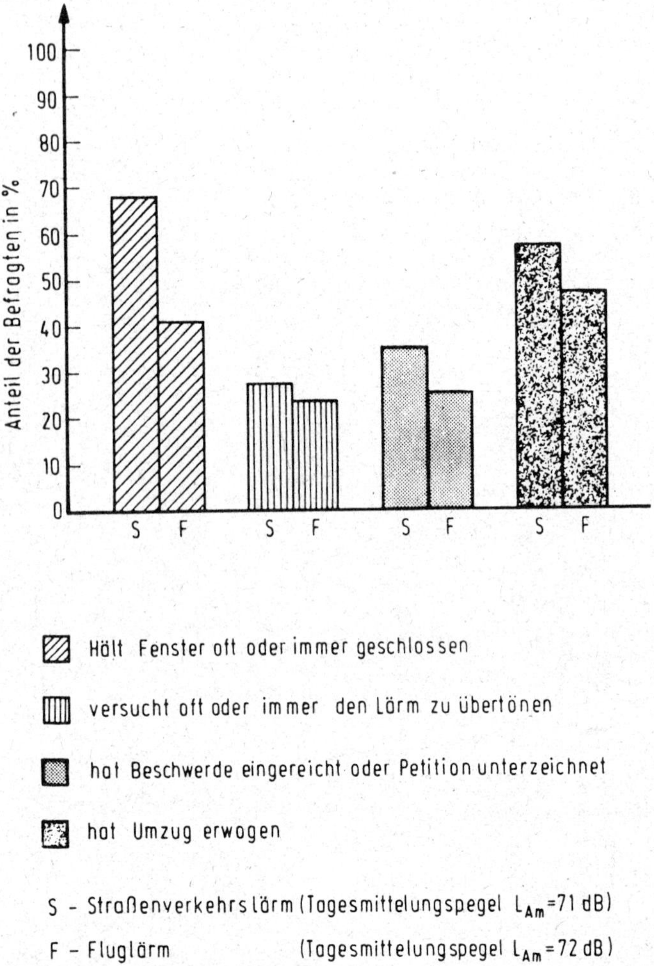

Soziale Auswirkungen des Lärms
Quelle: Umweltbundesamt

Ausländerhaushalte) erheblich häufiger durch dauernd starken Straßenverkehrslärm belastet sind. (Siehe Tabelle). Dabei hat die Stärke der Lärmbelastung auch unmittelbar Einfluß auf Grundstückspreise und Mietkosten. Untersuchungen haben z.B. gezeigt, daß ein Grundstück in ruhiger Wohnlage bis zu einem Drittel mehr wert ist als ein Vergleichsgrundstück in lärmbelastetem Gebiet.

Spielplätze

Die von (bauplanungsrechtlich- und baurechtlich zugelassenen) Kinderspielplätzen ausgehenden **Geräusche** (die bei der bestimmungsgemäßen Nutzung entstehen) sind nach der herrschenden Rechtsauffassung zumutbar und deshalb hinzunehmen.
Anwohner haben i.a. keine Möglichkeit, gegen S.lärm vorzugehen, auch wenn dieser zur **Belästigung** führt.

Sportboot-Lärmverordnung → Schiffsverkehrslärm

Sportflieger → Flugbetriebsbeschränkungen, Propellergetriebene Leichtflugzeuge

Stadtplanung

Aufgabe der S. ist es, die räumlich und bauliche Entwicklung einer Gemeinde zu ordnen.
Zu ihren Aufgaben gehört es u.a., die **Lärm**belastung in Wohn- und Erholungsgebieten zu verringern und durch eine vorausschauende Planung Nutzungskonflikte zu vermeiden.
Wichtige Bestimmungen für die Berücksichtigung des Lärmschutzes in der S. sind in der VDI-Richtlinie 2718 und in der DIN 18 005 enthalten.
→ **Bauleitplan, Grenzwerte, Lärmsanierung, Lärmvorsorge, Landesplanung, Straßenverkehrslärm, Verkehrsberuhigung**

Standardleistungsbuch

Standardisierte Leistungsbeschreibungen für Bauunternehmer zum Schutz gegen Baulärm. **Umweltbundesamt** und Technische Fachhochschule Berlin haben im Jahre 1983 auf der Grundlage des **Bundes-Immissionsschutzgesetzes** und der „Allgemeinen Verwaltungsvorschriften zum Schutz gegen Baulärm" Lei-

stungsbeschreibungen erstellt, die entsprechenden Baumaßnahmen zugrunde gelegt werden sollen. Die Beschreibungen entsprechen auch den Vorgaben der elektronischen Datenverarbeitung und können bei allen Arbeitsschritten der Ausschreibung, Auftragsvergabe und Abrechnung verwendet werden.
→ **Grenzwerte**

Stand der Technik

Im Sinne des **Bundes-Immissionsschutzgesetzes** der Entwicklungsstand fortschrittlicher Verfahren, Einrichtungen oder Betriebsweisen, der die praktische Eignung einer Maßnahme zur Begrenzung von Emissionen gesichert erscheinen läßt.
→ **Bundes-Immissionsschutzgesetz, Regelwerke, Straßenverkehrszulassungsordnung**

Staubsauger

S. können zu **Geräuschbelästigungen** im Haus und in der Nachbarschaft führen. Viele Verbraucher meinen, S. mit größerer Lautstärke hätten auch eine höhere Saugleistung.
Dagegen wurde in einer Untersuchung des **Umweltbundesamtes** festgestellt, daß S. mit einer Motorleistung von 700 und 850 Watt etwa dieselbe Saugleistung erreichen, wie Geräte mit über 1000 Watt, letztere aber deutlich lauter sind und mehr Energie verbrauchen.
Nach einer Prüfung der Stiftung Warentest liegen die Betriebsgeräusche von S. in einer Spanne von 71 dB(A) bis über 83 dB(A). Das bedeutet, daß ein lauter S. (83 dB(A)) soviel Krach macht wie 16 leise S. (71 dB(A)).
Die Jury **Umweltzeichen** hat im Dezember 1979 lärmarme und energiesparende S. (höchstens 73 dB(A) – max. 1 200 Watt) mit dem Umweltzeichen versehen.
→ **Wohnlärm**

Steilstartverfahren → Lärmmindernde Startverfahren

Stereo-Anlagen → Unterhaltungselektronik

Weniger Lärm und weniger Stromverbrauch, . . .
. . . das sind die entscheidenden Merkmale der umweltfreundlichen Staubsauger, denen das Umweltzeichen verliehen wurde. Bemerkenswert dabei ist die Tatsache, daß die Leistung dieser Staubsauger nicht geringer ist als die anderer, nicht so umweltfreundlicher Geräte. Das von einer vom Bundesinnenminister eingesetzten Jury verliehene Umweltzeichen soll dem Verbraucher das Erkennen besonder umweltfreundlicher Produkte erleichtern und ihm entsprechende Kaufentscheidungen ermöglichen. Foto: GLOBUSpress

S

Strahlflugzeuge

Überwiegend im gewerblichen Luftverkehr eingesetzter Flugzeugtyp mit Turbinen-Luftstrahltriebwerken, bei denen starke Geräusche vor allem durch den heißen Abgasstrahl entstehen, der mit hoher Geschwindigkeit auf die kalte und verhältnismäßig ruhige Luft trifft.
Je höher die Austrittsgeschwindigkeit ist, desto größer ist die **Lärmemission.** Der Triebwerkslärm kann durch die nachträgliche Montage von Schalldämpfern, die eine schnellere Vermischung des Austrittsstrahls mit der umgebenden Luft ermöglichen, verringert werden.
Bei modernen Flugzeugtypen (z. B. Airbus) mit Zweikreis- oder Mantelstromtriebwerken wurde der Lärm durch Herabsetzung der Abgasstrahlgeschwindigkeit der Triebwerke verringert (um ca. 20 dB(A)).

Straßenbahn

Wie bei anderen schienengebundenen Fahrzeugen, führt im wesentlichen das **Rad-Schiene-Geräusch** zu Belästigungen.
Das Vorbeifahrtsgeräusch einer mit 70 km/h fahrenden Straßenbahn beträgt etwa 75 dB(A) in 25 m Abstand für moderne Bahnen auf eigenem Gleiskörper im Schotterbett.
Bei in der Straße verlegten Schienen erhöht sich dieser Wert um 3–7 dB(A).
Das sehr störende Kurvenquietschen läßt sich heute nahezu verhindern durch besondere Radkonstruktionen, bei denen die Räder durch sogenannte Absorber gedämpft werden.
Ältere S. lassen sich auch nachträglich mit nichtquietschenden Radsätzen umrüsten.
→ **Eisenbahn, Schienenverkehrslärm**

Straßenbegleitgrün → Schallschutz durch Bepflanzung

Straßenpflaster

Aus Gründen des Umweltschutzes (z. B. bessere Wasserdurchlässigkeit) und der Verkehrssicherheit (Verringerung der Geschwindigkeiten) werden oftmals – auch bei Maßnahmen der **Verkehrsberuhigung** – Pflastersteine verwendet.
Sofern diese mit geringen Geschwindigkeiten befahren werden (weniger als 30 km/h bei ebenem Pflaster, weniger als 20 km/h bei unebenem Pflaster) wird nicht mehr Lärm als bei anderen

Straßenbelägen erzeugt. Bei höheren Geschwindigkeiten als 30 km/h ist aus Lärmgründen von Pflasterdecken, Aufpflasterungen, Pflasterstreifen u.a. abzuraten.

Straßenverkehrslärm

In der Bundesrepublik Deutschland fühlen sich 20% aller Bürger vom S. stark belästigt. Nach Modellrechnungen des Battelle-Instituts sind etwa 12 Mio. Menschen tagsüber Lärmwerten (**Mittelungspegeln**) von 55 dB (A), 5,5 Mio. Menschen sogar Werten von über 65 dB (A) ausgesetzt. In besonders belasteten Gebieten treten Werte von über 80 dB (A) auf. Beim Abstand von 25 m von der Straßenmitte entsprechen im innerstädtischen Bereich 60 dB (A) ca. 1000 Personenkraftwagen pro Stunde. Bei einem Lastkraftwagenanteil von 20% erhöht sich der Wert um 7,5 dB. An der Spitze der Belästigungsskala stehen Zweiräder (**Kleinkraftrad**, **Mopeds** usw.) gefolgt von schweren LKW.

Foto: GLOBUSpress

Besonders störend sind innerorts die vielen Brems- und Anfahrvorgänge und die häufigen Verweil- und Stauzeiten bei laufendem Motor. Die seitliche Bebauung der Straßen kann durch **Reflexion** die Belastung erhöhen.

Ein nicht unbeträchtlicher Teil des Lärms ist aber auch auf das **Fahrverhalten** zurückzuführen. Ein rücksichtsloser Autofahrer kann soviel Lärm machen wie zehn umweltbewußte Fahrer. Auch die mangelhafte Wartung der Fahrzeuge (z.B. des Ansaug- und **Auspuffsystems**) kann die Lärm**immission** bis zu 10 dB(A) erhöhen.

→ **Ampelanlagen**

Straßenverkehrsordnung (StVO)

Die StVO vom 16.11.1970 (BGBl I S. 1565), zuletzt geändert am 21. Juli 1983 (BGBl I S. 949), enthält eine Reihe von Bestimmungen, die für den **Lärmschutz** Bedeutung haben, und zwar u.a.

- Ein Fahrverbot für Lastkraftwagen mit einem zulässigen Gesamtgewicht über 7,5 t sowie für Anhänger hinter Lastkraftwagen an Sonn- und Feiertagen,
- das Verbot des unnötigen Laufenlassens von Motoren, des unnützen Hin- und Herfahrens in geschlossenen Ortschaften und des lauten Schließens von Fahrzeugtüren, und
- die Befugnis der Behörden, den Verkehr zum Schutz der Bevölkerung vor Lärm zu beschränken oder umzuleiten sowie Fußgängerbereiche und **verkehrsberuhigte** Zonen einzurichten.

→ **Richtgeschwindigkeit, Nachtfahrverbot, Verkehrsbeschränkungen, Verkehrslenkung, Verkehrsverbote**

Straßenverkehrs-Zulassungs-Ordnung

(StVZO) Nach der StVZO müssen **Kraftfahrzeuge** und ihre Anhänger so beschaffen sein, daß die **Geräuschentwicklung** das nach dem **Stand der Technik** unvermeidbare Maß nicht übersteigt.

Die **Grenzwerte** ergeben sich aus den Anlagen 18, 19 und 20 zur StVZO, die die **EG-Richtlinien** 70/157/EWG (Kraft-

S

fahrzeuge), 74/151/EWG (Arbeitsmaschinen und land- oder forstwirtschaftliche Zugmaschinen) und 78/1015/EWG (**Krafträder**) in deutsches Recht übernehmen, wobei für **Leichtkrafträder** ein weiterer Grenzwert festgelegt wird.

→ **EG-Richtlinien, Kontrollmeßverfahren, lärmarmes Kleinkraftrad, Lärmgrenzwerte für Zweiräder, Prüfung von Kraftfahrzeugen**

Streßwirkung

Schallreize können wie anderer Streß über das Nervensystem verschiedene Körperreaktionen wie z. B. Verengung der Hautgefäße, **Bluthochdruck**, Verringerung der Magensaft- und Speichelproduktion, Verminderung des Herzschlagvolumens oder Verstärkung des allgemeinen Muskelspannungszustandes hervorrufen. Solche Reaktionen laufen auch im Schlaf ab, wobei dort die auslösenden Geräuschpegel deutlich unter denen wacher Zeiten liegen.

→ **Belästigung, Gehörschädigung, Gesundheitsgefährdung, Kommunikationsstörungen, Schlafstörungen**

T

Tankfahrzeuge

Im Auftrag des **Umweltbundesamtes** ist ein T. entwickelt worden, das etwa 10 dB (A) leiser als ein herkömmliches T. ist. Durch den Einsatz dieses Fahrzeuges sollen künftig die von heutigen Fahrzeugen ausgehenden Lärmbelästigungen für die Nachbarschaft verhindert werden.

Technische Anleitung zum Schutz gegen Lärm

(TA-Lärm) Allgemeine Verwaltungsvorschrift v. 26. 7. 1968 (auf Grund der Gewerbeordnung erlassen und unverändert zum **Bundes-Immissionsschutzgesetz** übernommen) die die Behörden bei der **Genehmigung** der wesentlichen Änderung von Anlagen und bei der Erteilung von nachträglichen Anordnungen nach dem **Bundes-Immissionsschutzgesetz** zu beachten haben. Es sind die nach dem **Stand der Technik** fortschrittlichsten **Lärmschutz**maßnahmen vorzusehen. Die TA Lärm enthält sowohl Bestimmungen über Messungen und

T

Beurteilung der Geräusche als auch **Immissions**richtwerte (vgl. **Grenzwerte**). Die Genehmigung zur Errichtung und zum Betrieb neuer Anlagen darf nur erteilt werden, wenn diese Immissionsrichtwerte nicht überschritten werden. Folgende Immissionsrichtwerte sind festgesetzt:

Bereich	Immissionsrichtwert dB(A) Tag	Nacht
Gebiet, in dem nur gewerbliche oder industrielle Anlagen und Wohnungen für Inhaber und Leiter der Betriebe sowie für Aufsichts- und Bereitschaftspersonen untergebracht sind	70	70
Gebiete, in dem vorwiegend gewerbliche Anlagen untergebracht sind	65	50
Gebiet mit gewerblichen Anlagen und Wohnungen, in dem weder vorwiegend gewerbliche Anlagen noch vorwiegend Wohnungen untergebracht sind	60	45
Gebiet, in dem vorwiegend Wohnungen untergebracht sind	55	40
Gebiet, in dem ausschließlich Wohnungen untergebracht sind	50	35
Kurgebiet, Krankenhaus und Pflegeanstalt	45	35
Mit der Anlage baulich verbundene Wohnungen	40	30

In der Praxis wird die TA Lärm vielfach auch bei nicht genehmigungsbedürftigen Anlagen herangezogen, sofern die Verhältnisse dies zulassen und die Beurteilungsverfahren sich dazu eignen. Andernfalls kann die VDI-Richtlinie 2058 Blatt 1 zur Beurteilung schädlicher Umwelteinwirkungen herangezogen werden.

 → **Bauleitplanung, Gewerbelärm**

Technische Baubestimmungen

(T.B.) Die **Bauordnungen** der Bundesländer fordern die Beachtung der allgemein anerkannten Regeln der Baukunst. Als diese gelten auch die von den obersten Bauaufsichtsbehörden eingeführten T.B. In einigen Bundesländern ist die DIN 4109 – Schallschutz im Hochbau – als T.B. eingeführt.

→ **Baulicher Schallschutz, Regelwerke**

Temperaturinversion

Im allgemeinen nimmt die Temperatur der Luft mit steigender Höhe ab. Bei bestimmten Wetterlagen (sog. Inversionswetterlagen) können jedoch auch in höheren Luftschichten höhere Temperaturen auftreten.

Bei dieser Luftschichtung und kleinen Windgeschwindigkeiten werden auch nach oben abgestrahlte **Schallwellen** auf dem Wege der Schallbrechung zur Erdoberfläche zurückgeführt.

Auf diese Weise können die Schallwellen auch größere Hindernisse überwinden, so daß Geräusche über größere Entfernungen und auch an Orte, wo sie sonst nicht auftreten, übertragen werden.

Tempo → Geschwindigkeitsbegrenzung

Tiefflüge

Um die Radarüberwachung des Gegners zu unterfliegen, müssen strahlgetriebene Militärflugzeuge möglichst tief und möglichst schnell fliegen. Dieses Flugmanöver muß auch in Friedenszeiten geübt werden. Dadurch ergeben sich aber erhebliche Lärmbelästigungen großer Teile der Bevölkerung.

Um diese so gering wie möglich zu halten, hat die Bundeswehr sich dazu bereit erklärt, Großstädte mit mehr als 100 000 Einwohnern im T. nicht zu überfliegen, T. außerhalb von Manövern auf die Wochentage (Montags bis Freitags) und dort auf bestimmte Zeiten zu begrenzen (7.00 – 17.00 Uhr, bzw. 30 min. nach Sonnenuntergang bis Mitternacht bei Nachtt., Mittagspause zwischen 12.30 und 13.30 Uhr), besondere Flugstrecken für Nachtt. einzurichten, bestimmte Mindestflug-

T höhen einzuhalten (tagsüber 150 m, in abgegrenzten Gebieten 75 m, nachts 300 m), T. an Feiertagen zu unterbinden und die Höchstgeschwindigkeit bei T. mit Ausnahme des Zielanflugteils der Strecke auf ca. 850 km/h zu begrenzen.
→ **Verkehrsverbote**

Tonhaltigkeit
In **Geräuschen** deutlich heraushörbarer Ton, der die Lästigkeit des Geräusches erhöht (z. B. bei Kehrmaschinen, Ventilatoren). Die T. wird bei der Geräuschbeurteilung durch Zuschläge zum **Mittelungspegel** berücksichtigt.
→ **Beurteilungspegel, Frequenz, Impulshaltigkeit**

Tonhöhe → Frequenz

Triebwerkslärm → Strahlflugzeuge

Trittschall
Sammelbegriff für alle **Körperschall**anregungen bei Decken. T. entsteht z. B. beim Begehen von Fußböden und wird z. B. von der darunterliegenden Decke als **Luftschall** abgestrahlt.
→ **Baulicher Schallschutz, Wasserschall**

Trittschallschutz
Schutz vor **Trittschall** kann durch genügend schwere Decken, **schwimmenden Estrich**, weiche Deckenauflagen (Teppiche) oder **Unterdecken** erreicht werden. Einzelheiten regelt die DIN 4109.

Türen
Aus Lärmschutzgründen sollten Türen, die aus einem Aufenthaltsraum unmittelbar ins Freie führen, schallgedämmt sein. Notwendig ist eine umlaufende Dichtung, Briefschlitze müssen in einen geschlossenen Briefkasten münden. Bei massiven Türen gilt: Je schwerer sie sind, desto wirksamer der Schutz.
Ein Windfang vor der Diele bietet bei normalen Lärmverhältnissen ausreichenden Schall- und Wärmeschutz.
Wohnräume, die mit nicht schallgedämmten Räumen, z.B. dem Treppenhaus verbunden sind, sollten mit schweren Türblättern ausgestattet sein. Als Dichtung genügt meist schon ein

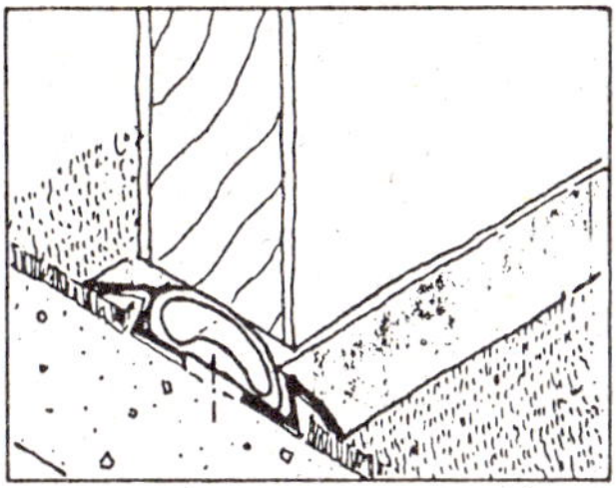
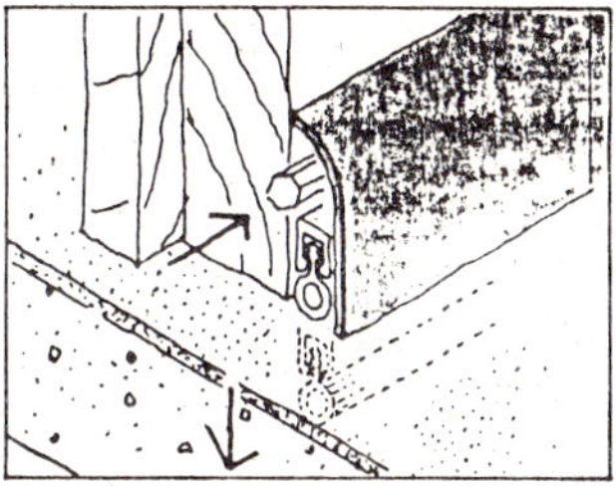

T

Schwellenanschlag oder eine Schleifdichtung. Bodenunebenheiten können wirkungsvoll und unauffällig durch Dichtungselemente überbrückt werden, die an das Türblatt geschraubt oder in eine Nut eingelassen werden und sich beim Schließen der Tür automatisch absenken. (Preis ca. 30 DM). Dichtungsbürsten sind für den Schallschutz unwirksam.

U

Überbauung → Untertunnelung

Überschallflüge

Bei Flügen mit Überschallgeschwindigkeit entsteht ein Überschallknall, der zu starken **Lärmbelästigungen** führen kann. Nach der 5. Verordnung zur Änderung der Luftverkehrsordnung (LuftVO) vom 28. November 1975 sind zivile Flüge mit Überschallgeschwindigkeit über dem Gebiet der Bundesrepublik Deutschland verboten. Um auch die von militärischen Überschallflügen ausgehenden **Belästigungen** zu mindern, hat die Bundeswehr festgelegt, daß Ü. über dem Festland nicht unter 11 000 m und nur in der Zeit von Montag bis Freitag von 8.00–20.00 Uhr und an Samstagen von 8.00–12.00 Uhr durchgeführt werden. Wann immer möglich, soll eine Mittagspause von 12.30 Uhr bis 14.00 Uhr eingehalten werden.
→ **Tiefflüge**

Überwachung

Lärmmessungen werden aus folgenden Anlässen durchgeführt:
– Eingaben und Beschwerden lärmgeschädigter Bürger
– Messungen im Rahmen des Genehmigungsverfahrens nach § 10 **Bundes-Immissionsschutzgesetz**

- Überwachung der Einhaltung der Pflichten nach dem Bundes-Immissionsschutzgesetz
- Durchführung der allgemeinen Verwaltungsvorschriften zum Schutz gegen **Baulärm**
- Erhebung über die Lärmbelastung im Auftrag von kommunalen oder regionalen Verwaltungsbehörden
- Überwachung des **Fluglärms** nach dem **Fluglärmgesetz**

Gemessen wird von anerkannten Prüfstellen, Gewerbeaufsichtsbehörden sowie Bundes- und Landeseinrichtungen.
Alle Bundesländer haben Listen von Meßstellen veröffentlicht, die entsprechende Messungen nach dem Bundes-Immissionsschutzgesetz vornehmen.

→ **Prüfung von Kraftfahrzeugen**

Ultraleichtflugzeuge

Ein- oder doppelsitzige motorisierte Luftfahrzeuge, die durch Gewichtsverlagerung des Piloten und/oder mittels Steuerruder aerodynamisch gesteuert werden und deren Rüstmasse einschließlich Gurtzeug, Instrumente und leerem Kraftstofftank 150 kg nicht überschreitet. Die U. gehören zu den bemannten, nichtzulassungspflichtigen Luftfahrzeugen wie auch Hängegleiter und Gleitflugzeuge. Grundsätzlich dürfen die am Boden gemessenen Geräusche der Ultraleichtflugzeuge nach den in der Bundesrepublik Deutschland bestehenden Regelungen ab 1986 bei Überflügen in 150 m über Grund mit maximaler Motorleistung einen Lärmgrenzwert von 55 db (A) nicht überschreiten. Ferner ist das Fliegen mit U. im Bereich von Wohngebieten nicht gestattet. Starts und Landungen sind nur auf zugelassenen Flugplätzen oder speziell hierfür genehmigten Geländen zulässig. In den Nachbarländern Schweiz und Österreich ist der Betrieb von U. verboten.

Ultraschall

Unhörbarer **Schall** im Frequenzbereich über 16 000 Hz. U. kann an industriellen Arbeitsplätzen, bei der medizinischen Diagnostik und bei bestimmten Fernsteuerungsanlagen auftreten.
U. wird in der Luft in hohem Maße absorbiert, so daß kaum Belastungen der Umgebung auftreten.

 → **Infraschall**

Umweltbewußtsein

Verantwortungsgefühl für die belebte und unbelebte Umwelt. Das U. setzt die Erkenntnis voraus, daß Eingriffe in die Umwelt zu schweren Schäden führen können, deren Auswirkungen unabsehbare Folgen für die belebte Umwelt haben können. Ohne ausreichendes U. in weiten Kreisen der Bevölkerung können die notwendigen Maßnahmen des Umweltschutzes nicht durchgeführt werden. Es ist deshalb Aufgabe einer lebenslangen Umwelterziehung, das U. breiter Kreise der Bevölkerung zu entwickeln und zu erhalten. Zwar weisen Umfrageergebnisse der letzten Jahre auf ein gestiegenes U. in der Bevölkerung der Bundesrepublik Deutschland hin. Das vorhandene U. setzt sich aber oft nicht unmittelbar in umweltbewußtes Verhalten und Handeln um. Beispiele für diese Diskrepanz zwischen U. und umweltbewußtem Handeln sind z.B. der nach der Ölkrise 1973/74 einsetzende Autoboom (vorübergehend konnte sogar die Nachfrage nach großen „kraftstofffressenden“ Kraftfahrzeugen nicht befriedigt werden), die nach wie vor zu geringe Nutzung öffentlicher Verkehrsmittel trotz des erheblich gestiegenen Wissens über die Umweltbelastungen durch den Individualverkehr und die Erschließung auch der letzten naturnahen Räume durch eine expandierende Freizeitindustrie. Mit Maßnahmen der Umwelt**aufklärung** muß daher ständig versucht werden, das vorhandene U. in umweltbewußtes Verhalten umzusetzen.

→ **Bürgerbeteiligung, Lärmbewußtsein, Umweltbundesamt**

Umweltbundesamt

Im Jahre 1974 gegründete Bundesbehörde im Geschäftsbereich des Bundesministers des Innern (seit 1986: Bundesminister für Umwelt, Naturschutz und Reaktorsicherheit) mit Sitz in Berlin. Das Amt berät die Bundesregierung, insbesondere den Bundesminister für Umwelt als für den Umweltschutz federführenden Minister in Fragen der Luftreinhaltung, Lärmbekämpfung, Abfall- und Wasserwirtschaft. Daneben werden umweltbedeutsame Daten für Planungen und Maßnahmen der Umweltpolitik des Bundes gesammelt, gespeichert und für den unmittelbaren Zugriff verfügbar gemacht. Zu den Aufgabenschwerpunkten des Amtes gehört die Erarbeitung von Planungshilfen, die **Aufklärung** der Öffentlichkeit in Umweltfragen, die Führung des Informations- und Dokumentationssystems Umwelt (UMPLIS), die Beurteilung von Umweltchemikalien, Messungen zur Untersuchung des großräumigen, grenzüberschreitenden Transports von Luftverunreinigungen, Ermittlung von **Grenzwerten** luftverunreinigender Stoffe, Bearbeitung von Fragen des Problemkreises „Umwelt und Energie“, Bearbeitung von Aufgaben, die sich aus dem **Fluglärmgesetz** ergeben, Erarbeitung von Vorschlägen zur **Lärm-** und Schadstoffminderung bei **Kraftfahrzeugen** und im industriellen Bereich, die Feststellung von Lärm und dessen Wirkungen, die Entwicklung neuer Verfahren der Abfallbehandlung, die Erfassung von Waschmittelrezepturen aufgrund des Waschmittelgesetzes und vieles andere mehr. Das Amt hat keine Vollzugsbefugnisse und kann deshalb bei Umweltgefahren nicht unmittelbar eingreifen. Die Arbeitsergebnisse des U. werden in den Publikationsreihen „UMPLIS“, „Materialien“, „Berichte“ und „Texte“ veröffentlicht.

→ **Altglascontainer, Benutzungsvorteile, Bluthochdruck, Forschung und Entwicklung, Industrielärm, Lärmfindex, Lärmschutz an Gebäuden, Lastkraftwagen, Leichtkraftrad, Müllfahrzeuge, Personenkraftwagen, Zuständigkeiten**

Umwelttelefon → Lärmschutztelefon

Umweltverbände

Zusammenschlüsse an Umweltfragen interessierter Bürger mit dem Ziel, an der Planung umweltbedeutsamer Maßnahmen öffentlicher und privater Institutionen mitzuwirken oder diese zu verhindern.

In der Bundesrepublik Deutschland sind z.Z. ca. 4 Mio. Bürger in ca. 1500 U. organisiert. Das **Umweltbundesamt** gibt ein Verzeichnis der regionalen und überregionalen Umweltverbände („Bürger im Umweltschutz“) heraus, das auf Anforderung kostenlos verschickt wird.

Umweltverträglichkeitsprüfung

(UVP) Prüfung durch staatliche Institutionen, ob von öffentlichen Maßnahmen (z.B. Verkehrsplanung, Vorbereitung von Gesetzen) und Privatmaßnahmen (z.B. Bau von Produktionsanlagen, Verkauf neuer Produkte u.a.) schädliche Umwelteinwirkungen zu erwarten sind. Die U. bezweckt, bei öffentlichen

Maßnahmen Menschen, Tiere, Pflanzen und schutzwürdige Sachgüter vor schädlichen Umwelteinwirkungen zu schützen. Die Bundesregierung hat 1975 für ihren Zuständigkeitsbereich „Grundsätze für die Prüfung der Umweltverträglichkeit öffentlicher Maßnahmen" beschlossen, die von jedem Bundesministerium angewendet werden sollen. Dieses bedeutet z.B., daß sowohl alle Planungen im Rahmen des Bedarfsplans für die Bundesfernstraßen als auch im Anschluß daran jede konkrete Linienbestimmung und Bauausführung unter dem Gesichtspunkt der Umweltverträglichkeit geprüft werden. Art und Ausmaß der Umsetzung dieser Grundsätze unterscheiden sich derzeit noch von Ressort zu Ressort. Eine systematische Erfassung aller durchgeführten U. besteht nicht.
Ähnliche Regelungen bestehen in einigen Bundesländern. Die **Europäischen Gemeinschaften** haben 1985 die Richtlinie 85/337/EWG erlassen, nach der die Mitgliedstaaten für bestimmte Vorhaben bis 1988 U. einzuführen haben.

Umweltzeichen

Kaufempfehlung für umweltbewußte Verbraucher.
Das U. kennzeichnet Produkte, die sich aufgrund bestimmter Eigenschaften im Vergleich mit gleichartigen als weniger umweltbelastend herausgestellt haben. Das U. wird von einer unabhängigen, am 5. Juni 1978 ins Leben gerufenen „Jury Umweltzeichen" an ausgewählte Produkte oder Verfahren verliehen. Nähere Informationen hierzu erteilt das **Umweltbundesamt.**
Aus Gründen des Lärmschutzes wurden bisher lärmarme Omnibusse, **Lastkraftwagen**, **Motorrasenmäher** und **Staubsauger** ausgezeichnet.
→ **Kennzeichnung**

Unfallverhütungsvorschrift Lärm (UVV Lärm)

Die Unfallverhütungsvorschriften sind Satzungsrechtsvorschriften, die sich an die Mitgliedsunternehmen der Berufsgenossenschaften richten und auf der Grundlage der §§ 546 und 708 der Reichsversicherungsordnung erlassen werden. Darin enthaltene Verhaltensvorschriften können sich auch an Versicherte richten. Bei Verstößen gegen eine Unfallverhütungs-

Die Jury Umweltzeichen hat 1978 das Umweltzeichen für lärmarme Motor-Rasenmäher vergeben. Anforderungen:

- Geräuschemission muß kleiner als 60 dB(A) sein. Der Wert muß bei der lautesten Betriebsform, z. B. mit Fangkorbbetrieb, gemessen werden.

vorschrift können Unternehmer und Versicherte bestraft werden. Die von den Berufsgenossenschaften erlassene UVV Lärm regelt Lärmschutzmaßnahmen am Arbeitsplatz.
Hiernach sind Bereiche, in denen ein **Beurteilungspegel** von 90 dB (A) erreicht oder überschritten wird, als **Lärmbereiche** zu kennzeichnen. Bei einem Beurteilungspegel von 85 dB (A) müssen dem Arbeitnehmer persönliche Schallschutzmittel (z.B. Ohrschützer) zur Verfügung gestellt werden, bei einem Beurteilungspegel von 90 dB (A) und mehr besteht Benutzungspflicht für den **Gehörschutz**. Arbeitnehmer, die in Lärmbereichen arbeiten, müssen medizinisch betreut werden. Neben der UVV Lärm gelten noch die staatlichen Arbeitsschutzvorschriften (**Arbeitsstättenverordnung**).

Unterdecke

(abgehängte Decke)
Maßnahme des **baulichen Schallschutzes.**
Eine U. mindert den von der Decke nach unten abgestrahlten Schall, (**Trittschall**).
Bei Wahl geeigneter Materialien kann die U. auch den im Raum entstehenden Schall mindern.
→ **Baulicher Schallschutz, Trittschallschutz, Vorsatzschale**

Unterhaltungselektronik

Seit Jahren verzeichnen die Hersteller und Verkäufer von Stereoanlagen, Fernsehgeräten, elektronischen Musikinstrumenten starke Zuwachsraten.
Bei unzureichender **Lärmdämmung** des Gebäudes und rücksichtslosem Gebrauch der Geräte können hiervon erhebliche **Lärm**belästigungen in der Nachbarschaft ausgehen.
Zum Schutze der Nachbarschaft sollten die Geräte der U. nur in Zimmerlautstärke (besser noch über Kopfhörer) betrieben werden. Wichtig ist es auch, die Bässe so weit wie möglich zurückzudrehen und Schallquellen (z.B. Lautsprecherboxen) nicht unmittelbar an Wänden oder auf Fußböden zu montieren oder aufzustellen.
→ **Diskothek, Lärmverordnung**

U

Untertunnelung

Tunnel, Überdeckungen und Überbauungen bieten Schutz vor **Lärm**, Abgasen und Staub. Tunnel bewirken den besten Schutz der Umgebung vor **Straßenverkehrslärm**. An den Ein- und Ausgängen von Tunneln können jedoch erhöhte Belastungen auftreten. U. sind teuer, die Kosten betragen bei ca. 12 m Tunnelbreite oder vierspurigen Straßentrassen etwa 30 bis 60 Millionen DM pro km. Hinzu kommen die jährlichen Betriebskosten von ca. 700 000,– DM. Überdeckungen zum Zwecke des **Immissions**schutzes können als Leichtbaukonstruktion ausgeführt werden. Sie sind kostengünstiger, aber nicht so wirksam wie U. Unter Überbauung versteht man Überdeckung von Verkehrswegen durch bauliche Anlagen (z.B. Wohnhäuser). Die im Rahmen eines Versuches erfolgte Überbauung eines Teilstückes der Berliner Stadtautobahn bietet einen aus-

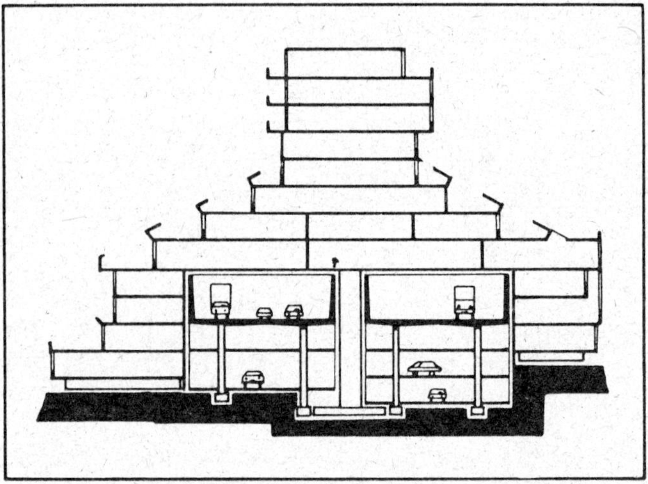

Überbauung einer Stadtautobahn. Um Erschütterungen möglichst zu vermeiden, sind Haus und Straße konstruktiv völlig voneinander getrennt.
Quelle: ADAC

U

gezeichneten Schutz vor dem **Straßenverkehrslärm** und den davon ausgehenden **Erschütterungen**. Allerdings ist die städtebauliche Konzeption umstritten. Wichtig ist, daß bei U. stets die umweltbedingten (ökologischen) Folgen und die Folgekosten (Pflege, Unterhaltung) berücksichtigt werden.
→ **Lärmschutzbauten, Lärmschutzkosten**

UVV-Lärm → Unfallverhütungsvorschrift Lärm

V

VDI (Verein Deutscher Ingenieure)

Der VDI beschäftigt sich u.a. in einer Kommission mit Fragen der Lärmminderung. Er gibt Richtlinien heraus und veranstaltet Tagungen.
→ **Emmissionskennwerte technischer Schallquellen, Grenzwerte, Regelwerke**

VDI-Lärmreport Baumaschinen

Zur Information von Gesetzgeber und staatlichen Verwaltungen, Aufsichts- und Überwachungsbehörden, **Baumaschinen**betreibern und -herstellern sowie der gesamten Öffentlichkeit gibt der VDI seit 1974 in unregelmäßigen Abständen Zusammenstellungen von Baumaschinen heraus, die den Emissionswerten der „Allgemeinen Verwaltungsvorschriften zum Schutz gegen Baulärm“ entsprechen. Hiermit sollen Hersteller zur Fertigung und Bauunternehmer zum Kauf leiser Maschinen veranlaßt werden und Aufsichts- sowie Überwachungsbehörden in die Lage versetzt werden, bei bestimmten Bauprojekten die entsprechenden leisen Maschinen vorzuschreiben.
→ **Baustellen**

Ventilatoren

Von V. kann aufgrund ihrer ausgeprägten **Tonhaltigkeit** eine große **Lärm**belästigung ausgehen, insbesondere dann, wenn diese im Dauerbetrieb laufen. V.-Geräusche lassen sich in praktisch allen Fällen durch Einbau lärmarmer Antriebe und/oder entsprechender Schalldämpfer verringern oder vermeiden.

V

Verdichtungsraum

(Ballungsgebiet) Von der Ministerkonferenz für Raumordnung im Jahre 1968 festgelegte Gebiete mit besonders hoher Einwohner- und Arbeitsplatzdichte.

In der Bundesrepublik Deutschland gibt es z. Z. 24 V. (z.B. Berlin, Hamburg, Köln, Ruhrgebiet), in denen auf ca. 7 % der Gesamtfläche des Bundesgebietes 45,5 % der Bevölkerung leben und 55,4 % der Bevölkerung arbeiten.

Im V. kommt es zu starken Umweltbelastungen, u.a. auch durch den dichten Straßenverkehr.

→ **Straßenverkehrslärm**

Verkehrsberuhigter Bereich

Aufgrund von Vorschriften der **Straßenverkehrsordnung** besonders ausgeschildeter Bereich, in welchem

- Fußgänger die Straßen in ihrer ganzen Breite benutzen dürfen
- Kinderspiele überall erlaubt sind
- der Fahrzeugverkehr Schrittgeschwindigkeit einhalten muß
- die Fahrzeugführer die Fußgänger weder gefährden noch behindern dürfen (gegebenenfalls müssen sie anhalten und warten)

Kennzeichnung verkehrsberuhigter Straße nach Zeichen 325 der StVO

– die Fußgänger den Fahrverkehr nicht unnötig behindern dürfen
– das Parken außerhalb der dafür gekennzeichneten Flächen unzulässig ist (ausgenommen zum Ein- und Aussteigen, Be- und Entladen.

Die Einrichtung von V.B. kann durch die Verringerung des Durchgangsverkehrs und die Verlangsamung des verbleibenden Verkehrs erheblich zur Lärmminderung beitragen.

→ **Verkehrsberuhigung**

Verkehrsberuhigung

Städtebauliches und verkehrsplanerisches Konzept mit dem Ziel, die negativen Auswirkungen des Stadtverkehrs auf Umwelt, Städtebau und Verkehrssicherheit zu reduzieren.
Durch verschiedene Maßnahmen (z.B. Verengung und Verschwenkung der Fahrbahn, Begrünung, Möblierung, Aufpflasterung) werden in Wohnstraßen bauliche und optische Barrie-

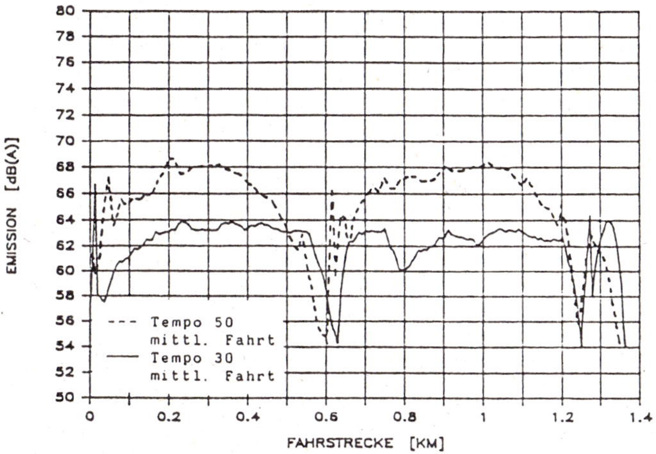

Flächenhafte Verkehrsberuhigung Buxtehude: Lärmemissionsprofil (Vorbeifahrgeräusche, 7,5 m Abstand) Konopkastraße (Strecke 5*)

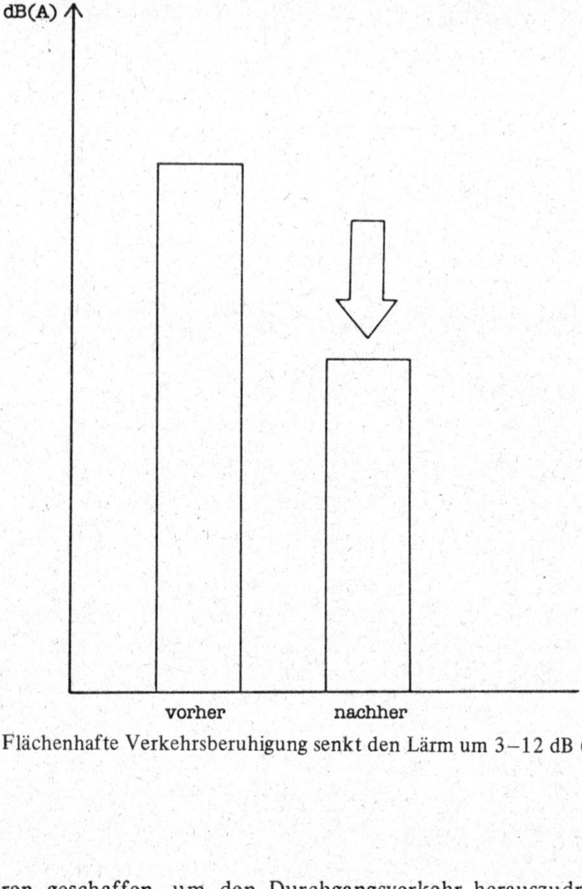

Flächenhafte Verkehrsberuhigung senkt den Lärm um 3–12 dB (A)

ren geschaffen, um den Durchgangsverkehr herauszudrängen und den verbleibenden Verkehr zu einem rücksichtsvollen **Fahrverhalten** zu bewegen.
Gleichzeitig können die Rahmenbedingungen für den Rad-, Fußgänger- und **öffentlichen Personennahverkehr** verbessert werden, um eine gewisse Veränderung der **Verkehrsmittel** und damit eine zusätzliche Umweltentlastung zu erreichen.

Verkehrsberuhigungsmaßnahmen wie hier im Münchner Vorort Unterhaching garantieren weniger Lärm und Abgase und eine gemeinsame Nutzung des Straßenraumes durch Fußgänger, Radfahrer und motorisierte Verkehrsteilnehmer
Quelle: Bundesanstalt für Straßenwesen/Umweltbundesamt

Ziele der Verkehrsberuhigung

Steigerung der Verkehrssicherheit Bessere Ordnung des Verkehrs Verbesserung des Verkehrsflusses Vernünftige Verkehrsmittelwahl	Verbesserung der Verkehrsverhältnisse
Weniger Lärm- und Abgasbelastung Mehr Frei- und Grünflächen Verbesserung der Straßengestalt Zentrales, urbanes Wohnen fördern Aufenthaltsqualität der Straße verbessern	Verbesserung der Wohnumwelt
Investitions/Modernisierungsneigung für Geschäftsräume/-häuser fördern Investitions/Modernisierungsneigung für Wohnhäuser und Wohnungen fördern Gestaltungs- und Pflegebereitschaft für die Freiräume steigern	Förderung der Investitions- und Modernisierungsbereitschaft
Wohnungsnahen Einzelhandel fördern Nutzungskonkurrenz um zentrale Standorte dämpfen	Veränderung der Standortqualität für Betriebe

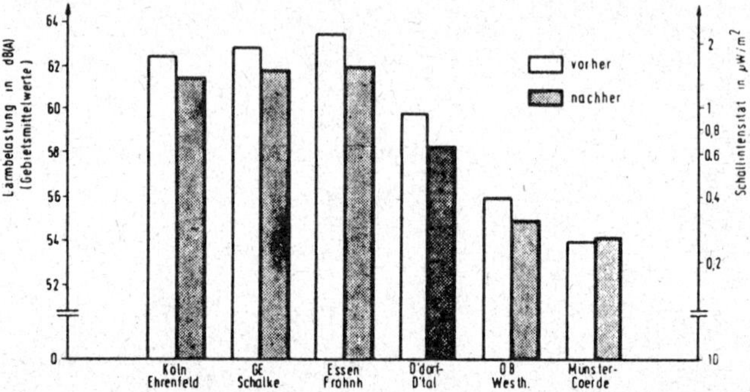

Lärmbelastung VORHER/NACHHER in verkehrsberuhigten Zonen („Gebietsbezogene Mittelwerte")
Quelle: Umweltbundesamt

Hierdurch können Wohngebiete stark entlastet werden, ohne die umliegenden Hauptverkehrsstraßen merklich stärker zu belasten.
In der Vergangenheit wurde das Konzept der V. meistens nur auf einzelne Straßenabschnitte angewendet. Inzwischen wird jedoch erkannt, daß die V. flächenhaft durchgeführt werden muß, will man verhindern, daß die Verkehrsprobleme lediglich in andere Gebiete verlagert werden. Dementsprechend haben die Bundesminister für Verkehr, Städtebau und Inneres (Jetzt: Bundesminister für Umwelt, Naturschutz und Reaktorsicherheit) ein gemeinsames Großforschungsprogramm vorbereitet, in dem flächenhafte V.-Maßnahmen in 6 Modellgemeinden der Bundesrepublik Deutschland erprobt werden. Charakteristisch für das Modellvorhaben ist der integrierte (Integration der städtebaulichen, verkehrlichen und umweltbezogenen Belange), flächenhafte (Maßnahmenkonzept für alle Straßen eines Stadtteils) und kostengünstige Ansatz. Die bisher vorliegenden Untersuchungsergebnisse zum Modellvorhaben zeigen nicht nur eine erhebliche Reduktion der Lärmbelastung, sondern auch eine Verminderung der Schadstoff**emissionen** und eine Verbesserung der ökologischen Situation in dicht bebauten innerstädtischen Gebieten. Durch wirtschaftliche Ausrichtung

der Umbaumaßnahmen konnten die Kosten von bisher etwa 400 DM pro qm auf 15 bis 80 DM pro qm gesenkt werden.
→ **Fahrrad, Fußgängerzonen, ruhender Verkehr, Stadtplanung, Verkehrsbündelung, verkehrsberuhigte Bereiche, Verkehrslenkung, Verkehrsplanung**

Verkehrsbeschränkungen

Maßnahmen zur Einschränkung des **Kraftfahrzeugverkehrs**. Hierbei können bestimmte Verkehrsmittel (z.B. **Lastkraftwagen**, Krafträder), bestimmte Straßen bzw. Gebiete (z.B. Fußgängerzonen, verkehrsberuhigte Bereiche) und/oder bestimmte Tageszeiten (z.B. **Nachtfahrverbot**) in ihrer Nutzung beschränkt werden. Mit der Novellierung der **Straßenverkehrsordnung** im Jahre 1980 ist die Möglichkeit, V. aus Gründen des Lärmschutzes einzuführen, ausdrücklich bestätigt worden.

Verkehrsbündelung

V. ist aus der Sicht des Lärmschutzes eins der Grundprinzipien für die **Verkehrsberuhigung** sowie für die Führung des überregionalen Verkehrs. Besonders sinnvoll ist die Bündelung des Durchgangsverkehrs, wobei möglichst unempfindliche Straßen (z.B. geringe Bewohnerdichte, hoher Gewerbeanteil) dafür gewählt werden sollten (siehe **Verkehrslenkung**).

Verkehrslärm → Fluglärm, Straßenverkehrslärm

Verkehrslärmschutzgesetz

Der Deutsche Bundestag hat 1980 ein Gesetz zum Schutz vor Verkehrslärm an Straßen und Schienenwegen (Verkehrslärmschutzgesetz) verabschiedet, das aber die erforderliche Zustimmung des Bundesrates nicht erhielt. Das Gesetz verfolgte den Zweck, die den Straßen oder Schienenwegen benachbarten Grundstücke so zu schützen, daß erheblich belästigende und billigerweise unzumutbare Lärmeinwirkungen vorbeugend vermieden (**Lärmvorsorge**) oder an Straßen nachträglich beseitigt werden (**Lärmsanierung**). Als Mittel waren vorgesehen eine den zu erwartenden **Lärm** berücksichtigende Planung und/oder Schutzmaßnahmen am Verkehrsweg oder an baulichen Anlagen.

Ein V. ist seither nicht zustande gekommen, auch keine entsprechende auf das **Bundes-Immissionsschutzgesetz** gestützte Rechtsverordnung. Wesentliche Gedanken des nicht realisierten V. enthalten die Richtlinien für den Verkehrslärmschutz an Bundesfernstraßen in der Baulast des Bundes von 1983 (Verkehrsblatt 1983 Seite 306). Erlasse auch im Hinblick auf Landesstraßen gibt es in den meisten Bundesländern.

→ **Grenzwerte**

Verkehrslenkung

Verkehrslenkende Maßnahmen können die **Lärm**belastung der Bevölkerung verringern, indem der Verkehr von Wohn- und Erholungsgebieten in weniger empfindliche Bereiche, wie z.B. Gewerbe- und Industriegebiete, verlegt wird. Die zu schützenden Gebiete können für den Durchgangsverkehr gesperrt oder durch **Verkehrsberuhigungs**maßnahmen entlastet werden. Gleichzeitig sollten Verkehrsschilder auf die für den Durchgangsverkehr vorgesehenen Routen, die durch den Verkehrsfluß fördernde Maßnahmen, auf z.B. „grüne Welle", noch attraktiver gemacht werden können, hinweisen. Vor einem Aus- oder gar Neubau von Durchgangsverkehrsstraßen oder Umgehungsstraßen muß eine sorgfältige **Umweltverträglichkeitsprüfung** durchgeführt werden. In Fällen, wo eine V. nicht möglich ist, können Maßnahmen der Verkehrsbündelung ergriffen werden.

→ **Öffentlicher Personenverkehr, Verkehrsbündelung**

Verkehrsmittelwahl

(Modal Split) Wahl des Bürgers zwischen den verschiedenen zur Verfügung stehenden Verkehrsmitteln (PKW, Bus, Bahn, Fahrrad, zu Fuß gehen etc.). Das Prinzip der „Freiheit der V." steht in Verdichtungsgebieten den Bemühungen um mehr Umweltschutz entgegen, da der von den meisten Bürgern bevorzugte private **Kraftfahrzeug**verkehr zu den größten umweltbelastenden Faktoren zählt.

Nach Untersuchungen ist die V. in erster Linie abhängig von der zu erwartenden Reisezeit, aber auch von anderen Faktoren wie Bequemlichkeit, Vorhandensein eines eigenen PKW, vom Kostenvorteil u.a. Planerische Maßnahmen zielen darauf

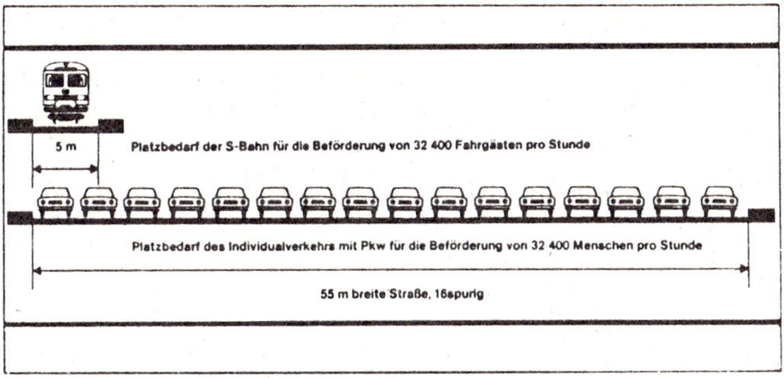

Platzbedarf des Individualverkehrs gegenüber dem öffentlichen Personenverkehr
Quelle: Presse- und Informationsamt der Bundesregierung

ab, dem **öffentlichen Personennahverkehr** Zeit und Bequemlichkeitsvorteile gegenüber dem privaten Kraftfahrzeug einzuräumen (z.B. Einrichtung eigener Fahrspuren). Zur Verringerung der Umweltbelastungen kann auch die Verbesserung der Bedingungen für den Rad- und Fußgängerverkehr beitragen. Auch im Güterverkehr gibt es oft die Möglichkeit der Wahl, z.B. zwischen **Lastkraftwagen, Eisenbahnen** oder Schiff.
→ **Park and Ride, Verkehrsbedingungen, Verkehrsplanung**

Verkehrsplanung

Vorausschauende Ordnung des zu erwartenden künftigen Personen- und Güterverkehrsaufkommens. Zu den bei der Planung zu berücksichtigenden Verkehrsbereichen gehören der Luftverkehr und die Schiffahrt ebenso wie der Eisenbahn- und Straßenverkehr. In den letzten Jahrzehnten stand der motorisierte Individualverkehr meistens im Mittelpunkt der V. Da dieser jedoch neben unbestreitbaren Vorteilen auch erhebliche Nachteile (neben **Lärm**- auch **Abgasemissionen**, erhöhten Energieverbrauch, Verkehrsunfälle, mittelbare ökologische und städtebauliche Auswirkungen) mit sich bringt, muß heute die verstärkte Berücksichtigung anderer Verkehrsmittel (insbesondere Schienenverkehr, öffentlicher Personenverkehr, Fußgänger- und **Fahrrad**verkehr) gefordert werden. Die V.

V wird auf verschiedenen Ebenen (Bund, Länder, Gemeinden) betrieben, jedoch meistens nach Verkehrsträgern getrennt. Dabei werden theoretische Rechenmodelle zur Verkehrserzeugung, -verteilung, -mittelwahl und -wegewahl sowie zur Prognose herangezogen. Diese Rechenmodelle werden wegen der mangelhaften Berücksichtigung wichtiger Faktoren (z.B. nichtmotorisierter Verkehrsteilnahme) zunehmend kritisiert. Oft wird von Verkehrsplanern und den verantwortlichen Politikern übersehen, daß sie nur eine unter mehreren Planungshilfen darstellen und daß der so errechnete Verkehrsbedarf sehr sorgfältig gegen andere öffentliche Interessen (z.B. Städtebau und Umweltschutz) abgewogen werden muß, insbesondere wenn diese nicht so leicht zu quantifizieren sind. Damit läuft diese weit entwickelte Planungsmethodik Gefahr, die sensible städtebauliche Analyse und die Suche nach umweltverträglichen, in das städtische und regionale Gesamtgefüge eingepaßten Verkehrssysteme weitgehend zu verdrängen.
→ **Bürgerbeteiligung, Stadtplanung, Straßenbegleitgrün, Umweltverträglichkeitsprüfung**

Verkehrsverbote

Nach der **Straßenverkehrsordnung** ist an Sonn- und Feiertagen der Verkehr von Lastkraftwagen über 7,5 t und von Lastkraftwagen mit Anhängern in der Zeit von 0 bis 22.00 Uhr verboten; ausgenommen sind der Berlin- und der Interzonenverkehr. Die Behörden haben das Recht, den Verkehr zum Schutz der Wohnbevölkerung vor **Lärm** zu verbieten oder umzuleiten.
Nach der Luftverkehrsordnung sind zivile **Tiefflüge** (niedriger als 300 m über dicht besiedeltem Gebiet, sonst niedriger als 150 m) grundsätzlich untersagt. Zivile **Überschallflüge** sind generell verboten.
In Bayern ist auf den meisten Seen der Verkehr mit privaten **Motorbooten** verboten; die Berliner Gewässer dürfen in der Zeit von Frühling bis Herbst mit Motorbooten nur an jedem zweiten Wochenende ganztägig befahren werden.

Verordnungen → Bauordnung, Flugbetriebsbeschränkungen, genehmigungsbedürftige Anlagen, Lärmverordnungen, Rasenmäherverordnung

Vorsatzschale

V

Durch die Anbringung von V. (z.B. Gipskartonplatten) vor sonst ungenügend dämmenden Bauteilen können auch nachträglich erhebliche Lärmminderungserfolge erzielt werden. Bei der Ausführung muß darauf geachtet werden, daß die V. von der ursprünglichen Wand in einem Abstand von 6–10 cm angebracht wird.
Der Zwischenraum sollte mit porösen Materialien (z.B. Mineralfasern, nicht jedoch Hartschaumplatten) locker gefüllt werden.

→ **Schwimmender Estrich, Unterdecke**

Wärmedämmung/Schalldämmung

W

Die Verbesserung des Schallschutzes von Außenbauteilen dient in der Regel auch dem Wärmeschutz. Ein verbesserter Wärmeschutz verbessert jedoch nicht in jedem Fall auch den Schallschutz, da beispielsweise ein größeres Massengewicht zwar die Schalldämmung verbessert, im allgemeinen aber gleichzeitig die Wärmedämmung verschlechtert. Durch Auswahl geeigneter Materialien und Konstruktionen können jedoch Wärmedämmung und Schalldämmung optimiert werden. Im Auftrag des **Umweltbundesamtes** wurde ein Katalog mit konstruktiven, schall- und wärmeschutztechnischen Kenndaten häufig vorkommender Außenbauteile von Gebäuden erstellt. Der Katalog ermöglicht eine optimale Auslegung des Schall- und Wärmeschutzes. Er umfaßt Außenwände, Dächer, Rolladenanlagen und Lüfter.

Wasserinstallation → Bauaufsichtliches Prüfzeichen

Wasserschall

Schall im Übertragungmedium Wasser, die Schallausbreitungsgeschwindigkeit beträgt im Wasser ca. 1400 m/sec.

→ **Luftschall, Körperschall, Trittschall**

Möglichkeiten für einen Lärmbetroffenen, gegen den Lärm vorzugehen

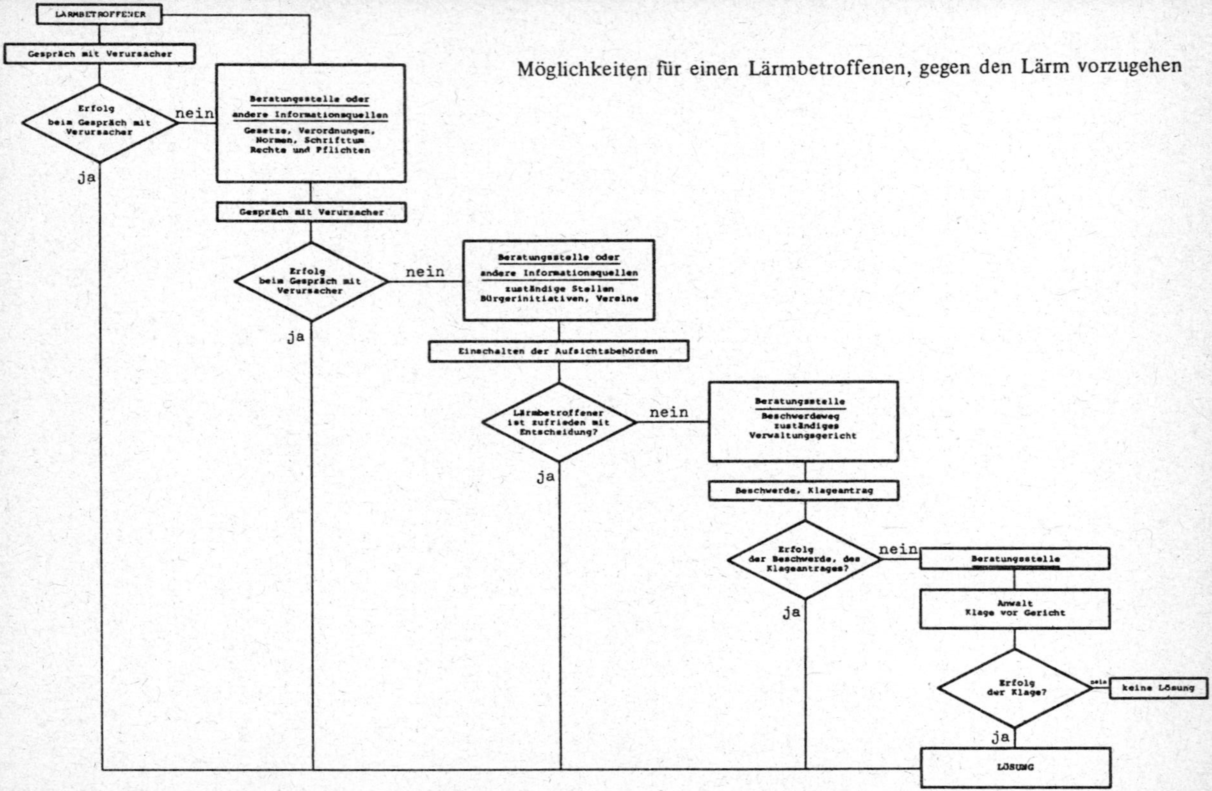

W

Wohnlärm

Lärm im Wohnbereich wird oft als erheblich störend empfunden, weil hier meist ein relativ niedriger Grundpegel vorherrscht und **Ruhe** erwartet wird.
Haus- und W. lassen sich unterscheiden in Lärm, der durch das Verhalten von Personen hervorgerufen wird (laute Musikwiedergabe, Türenknallen) und solchen der von Maschinen und Anlagen (z.B. der **Haustechnik**) erzeugt wird.
Um störenden Lärm im Wohnbereich auch außerhalb der bereits festgelegten Ruhezeiten wirksam zu begegnen, sollten leise Haushaltsgeräte und -maschinen gekauft und rücksichtsvoll eingesetzt werden.
→ **Freizeitlärm, Hausordnung, Heimwerker, Lärmverordnung**

Z

Zeitbewertung

Kurze **Schallimpulse** werden oftmals als wesentlich störender empfunden, als längere Schallereignisse.
Deshalb wird bei **Geräuschmessungen** die Dauer der einzelnen Schallimpulse durch eine Z. berücksichtigt.
→ **Geräuschbewertung, Impulshaltigkeit, Meßgeräte, Schalldruck**

Zielwerte → Lärmgrenzwert für Kfz

Zuständigkeiten

Die Durchführung der Umweltschutzgesetze ist Aufgabe der Bundesländer. Bundesbehörden, wie z.B. auch das **Umweltbundesamt** haben i.a. keine Vollzugsbefugnisse. In den Bundesländern sind die Zuständigkeiten unterschiedlich, und zwar wie folgt geregelt:

Bundes-Immissionsschutzgesetz:
Für alle Anlagen, die unter Bergaufsicht stehen, ist in allen Bundesländern die Bergverwaltung zuständig. Für die anderen Anlagen sind abgesehen von Sonderfällen unterschiedliche Behörden zuständig, wobei sich die Zuständigkeit im Einzelfall nach der Art der Anlage, der Zweckbestimmung der Anlage oder der Art des **Genehmigungsverfahrens** richtet:

Genehmigungsbedürfte Anlagen	nicht genehmigungsbedürftige Anlagen
Baden-Württemberg: Regierungspräsident, Gewerbeaufsichtsamt, Kreis, Verwaltungsgemeinschaft über 20 000 Einwohner	Regierungspräsident, Gewerbeaufsichtsamt, Kreis, Verwaltungsgemeinschaft über 20 000 Einwohner
Bayern: überwiegend Kreisverwaltungsbehörde; Gewerbeaufsichtsamt	überwiegend Kreisverwaltungsbehörde, Gewerbeaufsichtsamt
Berlin: überwiegend Senator für Stadtentwicklung und Umweltschutz; Landesamt für Arbeitsschutz und technische Sicherheit	überwiegend Senator für Stadtentwicklung und Umweltschutz; Landesamt für Arbeitsschutz und technische Sicherheit, Bezirksamt
Bremen: Gewerbeaufsichtsamt	überwiegend Gewerbeaufsichtsamt; Ortspolizeibehörde
Hamburg: Umweltbehörde	Bezirksamt
Hessen: überwiegend Regierungspräsident oder Kreis; Gewerbeaufsichtsamt	überwiegend Gewerbeaufsichtsamt; Kreis
Niedersachsen: überwiegend Bezirksregierung oder Gewerbeaufsichtsamt; Kreis	überwiegend Gewerbeaufsichtsamt; Kreis
Nordrhein-Westfalen: überwiegend Gewerbeaufsichtsamt; Regierungspräsident, Kreispolizeibehörde	Gewerbeaufsichtsamt
Rheinland-Pfalz: überwiegend Stadt- oder Kreisverwaltung mit Zustimmung des Landesamtes für Umweltschutz und Gewerbeaufsicht	überwiegend Gewerbeaufsichtsamt; Verwaltung von Stadt, Kreis oder Verbandsgemeinde

Genehmigungsbedürftige Anlagen	nicht genehmigungsbedürftige Anlagen
Saarland: überwiegend Gewerbeaufsichtsamt; Minister für Wirtschaft, Verkehr und Landwirtschaft; Minister für Umwelt	Gewerbeaufsichtsamt
Schleswig-Holstein: überwiegend Bürgermeister oder Kreis; Gewerbaufsichtsamt	überwiegend Gewerbeaufsichtsamt; Bürgermeister, Amtsvorsteher

Die Durchführung der **Lärmverordnungen** ist Aufgabe der Ordnungsbehörden (z.B. der Polizei). Nach der **Straßenverkehrsordnung** unzulässiger Lärm wird von der Polizei untersucht.

Die Straßenverkehrsbehörde, die i.a. der Polizei zugeordnet ist, ist für die Aufstellung von Verkehrsschildern, die Sperrung von Straßen und die Erteilung von Führerscheinen und **Kraftfahrzeugzulassungen** zuständig.

Die **Bauleitplanung** ist Sache der Gemeinden. (Auskunft bei der Gemeindeverwaltung, meistens Stadtplanungsamt).

Landesplanung und **Raumordnung** sind Sache der Länder bzw. des Bundes (Bundesministerium für Raumordnung, Bauwesen und Städtebau).

Die Bauaufsichtsämter sind für die Genehmigung von Bauvorhaben und für die **Bauabnahme** zuständig.

Für die Straßenplanung sind das Bundesverkehrsministerium (Bundesstraßen, Autobahnen) die Landesstraßenverwaltung (Landes- und Kreisstraßen) und die kommunalen Tiefbau- oder Verkehrsplanungsämter (Gemeindestraßen) zuständig.

Beschwerden wegen militärischen Fluglärms können an das Luftwaffenamt in Köln gerichtet werden.

Zum Lärm von zivilen Verkehrsflugzeugen können die **Lärmschutzbeauftragten** der Flughäfen angesprochen werden; daneben (einschließlich der nichtgewerblichen Luftfahrt) auch die **Lärmschutztelefone** und in Hessen und Nordrhein-Westfalen der Regierungspräsident, in Niedersachsen und Rheinland-

Z

Pfalz der Minister für Wirtschaft und Verkehr sowie im Saarland der Minister für Wirtschaft, Verkehr und Landwirtschaft. Nach dem **Fluglärmgesetz** bestehen folgende Zuständigkeiten:

Entschädigung für Bauverbote	Festsetzung der Erstattung von Aufwendungen für **baulichen Schallschutz**
Baden-Württemberg: Regierungspräsident	Kreis, Verwaltungsgemeinschaft über 20 000 Einwohner
Bayern: Kreisverwaltungsbehörde	Kreisverwaltungsbehörde
Berlin: –	Wohnungsbaukreditanstalt
Bremen: Senator für Bauwesen und Senator für Häfen, Schiffahrt und Verkehr	Senator für Bauwesen und Senator für Häfen, Schiffahrt und Verkehr
Hamburg: Finanzbehörde	Bezirksamt
Hessen: untere Bauaufsichtsbehörde	Regierungspräsident
Niedersachsen: Bezirksregierung	Bezirksregierung
Nordrhein-Westfalen: Regierungspräsident	Regierungspräsident
Rheinland-Pfalz: Bezirksregierung	Kreis
Saarland: Minister für Wirtschaft und Verkehr	Minister für Wirtschaft und Verkehr
Schleswig-Holstein: Innenminister	untere Bauaufsichtsbehörde

Für die Erstattung von Lärmschutzkosten im Bereich militärischer Flugplätze sind die Wehrbereichsverwaltungen zuständig.

Quelle: Der Bundesminister des Innern

(Die verwendeten Grafiken und Karikaturen wurden freundlicherweise zur Verfügung gestellt von der AKTION SAUBERE LANDSCHAFT, dem BUNDESMINISTER FÜR VERKEHR, dem DEUTSCHEN NATURSCHUTZRING, dem HESSISCHEN MINISTER FÜR WIRTSCHAFT UND TECHNIK und dem SENATOR FÜR STADTENTWICKLUNG UND UMWELTSCHUTZ BERLIN)

ALTBAUFENSTER bieten nur geringen Schutz gegen Lärm. Eine bessere Lärmdämmung kann durch Abdichten des Fensters gegen das Mauerwerk und der Fensterflügel im Falzbereich, den Ersatz von dünner Einfachverglasung durch Isolierverglasung oder durch dicht angebrachte Vorsatzscheiben erreicht werden.

ALTGLAS gehört in den Altglascontainer, damit es einer Wiederverwertung zugeführt werden kann. Beim Einwerfen der Flaschen kann jedoch störender Lärm entstehen (in 10 Meter Entfernung noch Pegel von 65–85 dB(A)), wodurch die Aufstellung solcher Container in Wohngebieten zu Belästigungen führen kann. Werfen Sie deshalb Ihre leeren Flaschen nicht nach 20 Uhr abends oder vor 7 Uhr morgens in den Altglascontainer!

Das **ANLASSERGERÄUSCH** beim Starten Ihres Kraftfahrzeuges kann vor allem nachts und frühmorgens die Nachbarschaft belästigen. Achten Sie deshalb darauf, daß die elektrische Anlage Ihres Fahrzeuges in gutem Pflegezustand ist, damit der Startvorgang möglichst kurz und damit auch das Anlassergeräusch gering bleibt.

Am **ARBEITSPLATZ** sollen nach der Arbeitsstättenverordnung Lärmpegel von 85 dB(A) bzw. höchstens 90 dB(A) nicht überschritten werden. Bei Lärmpegeln ab 85 dB(A) muß der Arbeitgeber Gehörschutz zur Verfügung stellen; ab 90 dB(A) ist der Arbeitnehmer verpflichtet, den Gehörschutz ständig zu tragen!

Bei **ARMATUREN** (z.B. Wasserhähne, Druckspüler, Durchlauferhitzer) sollten Sie auf das „bauaufsichtliche Prüfzeichen“ achten. Nur Geräte der Gruppe I garantieren einen hohen Lärmschutz und schonen Ihre und der Nachbarn Nerven.

AUSKÜNFTE über Möglichkeiten der Lärmminderung oder der Abhilfe bei Lärmbelästigungen im privaten Bereich können Sie über die Umwelt- und Lärmschutztelefone von Ländern und Gemeinden, die Auskunftstellen des „Deutschen

Arbeitsringes für Lärmbekämpfung e.V." (DAL) oder den Lärmfindex des Umweltbundesamtes erhalten (siehe Stichwort-Teil).

AUSPUFFLÄRM ist lästig. Wer den defekten Auspuff seines Fahrzeuges nicht repariert oder Manipulationen vornimmt, um den Auspufflärm zu verstärken, handelt rücksichtslos und macht sich strafbar!

AUTOMATIKGETRIEBE sind i. a. leiser als Schaltgetriebe, da sie die besonders lästigen Drehzahlspitzen beim Aufdrehen der Gänge und das unnötige Hochdrehen des Motors vor dem Anfahren vermeiden.

Das **AUTORADIO** nicht bei offener Tür oder offenem Fenster mit voller Lautstärke spielen lassen! Nehmen Sie beim Betrieb Ihres Radios besonders zur Nachtzeit und frühmorgens Rücksicht auf Ihre Mitbürger. Wer sein Radio während der Fahrt voll aufdreht, lenkt sich vom Fahrgeschehen ab und überhört die Martinshörner von Polizei, Feuerwehr oder Notarzt. Leiser fährt man besser und sicherer!

AUTOTÜREN können leider nicht ohne Geräusch geschlossen werden. Aber sie müssen auch nicht zugeknallt werden, daß beim Nachbarn die Fensterscheiben klirren! Vor allem nachts und in den frühen Morgenstunden sollten Sie jedes unnötige

Lärmen vermeiden. Bitte überlegen Sie sich auch rechtzeitig, was Sie alles aus dem Fahrzeug mitnehmen wollen: Die Autotüren müssen dann nicht mehrmals geöffnet und geschlossen werden. Ihre Nachbarn werden es Ihnen danken!

BAUARBEITEN dürfen u.a. auch aus Lärmschutzgründen an Sonn- und Feiertagen sowie in der Zeit von 20 Uhr abends bis 7 Uhr morgens nicht (oder nur mit Sondergenehmigung) durchgeführt werden.

BAULÄRM läßt sich durch Einsatz lärmarmer Baumaschinen, eine günstige Aufstellung der Maschinen und durch Abschirmmaßnahmen spürbar verringern. Auch durch eine vorsorgende „Lärmplanung“ kann der Baulärm vermindert werden. Ein Merkblatt für die Einrichtung einer „lärmarmen Baustelle“ kann vom Umweltbundesamt bezogen werden.

BAUMASCHINEN dürfen nur eingesetzt werden, wenn sie den neuesten technischen Lärmschutzanforderungen entsprechen. Besonders leise sind Baumaschinen, die „erhöhten Schallschutzanforderungen“ genügen: sie unterschreiten die geltenden Emissionsgrenzwerte um mindestens 5 dB(A)!

BAUUNTERNEHMER können besonders viel tun, um unnötigen Lärm bei Bauarbeiten zu vermeiden: indem sie beschädigte Schalldämpfer und Auspufftöpfe rechtzeitig auswechseln, lockere Maschinenteile und -bleche nicht klappern lassen, die Motorhauben von Kompressoren und anderen Baumaschinen geschlossen halten und nach Möglichkeit Elektromotoren oder speziell schallgedämpfte Dieselmotoren einsetzen. Auch sollten sie die Anwohner der Baustelle rechtzeitig über den Grund und die Zeitdauer besonders lärmintensiver Arbeiten informieren.

BENUTZERVORTEILE machen leise Produkte für den Hersteller und Benutzer immer attraktiver: so dürfen z.B. lärmarme Rasenmäher und Propeller-Leichtflugzeuge zu Zeiten betrieben werden, wenn „normale" verboten sind, lärmarme Verkehrsflugzeuge zahlen niedrigere Landegebühren. In Bad Reichenhall z.B. dürfen sich lärmarme LKW, Mofas und Mopeds in den innerstädtischen Sperrzonen künftig so frei bewegen wie PKW. Auch die öffentliche Hand wird künftig bei Beschaffungen lärmarme Produkte bevorzugen.

BREMSGERÄUSCHE lassen sich durch eine vorausschauende, gleichmäßige Fahrweise weitgehend vermeiden. Die Bremsbeläge sollten darüber hinaus an allen Rädern von gleicher Qualität sein und rechtzeitig erneuert werden.

BÜROMASCHINEN wie Schreib-, Abrechnungs-, Frankier- und Vervielfältigungsmaschinen sollten nicht mehr als den in der Arbeitsstättenverordnung enthaltenen Lärm-Richtwert von 70 dB(A) erzeugen. Viele im Handel angebotenen Büromaschinen sind jedoch erheblich lauter. Achten Sie deshalb beim Kauf von Büromaschinen auch auf die Lärmwerte!

DISCO-LÄRM kann ihre Gesundheit schädigen! Durch überdimensionierte Verstärker-Lautsprecher-Kombinationen können gehörschädigende Lärmpegel von 100 dB(A) und mehr erreicht werden. Denken Sie daran beim nächsten Diskotheken-Besuch!

ELEKTRO-RASENMÄHER erreichen oft Lärmwerte von unter 60 dB(A), zum Teil sogar unter 50 dB(A) und sind damit so leise, daß sie sogar in den Abendstunden und an Sonn- und Feiertagen benutzt werden dürfen („Sonntagsmäher"). Lärmarme Rasenmäher, deren Lärmpegel unter 60 dB(A) liegt, können mit dem Umweltzeichen ausgestattet werden.

FAHRGEMEINSCHAFTEN tragen zur Verringerung des Verkehrsaufkommens und damit auch des Verkehrslärms bei. Außerdem kann man sehr viel Benzin sparen und hat auch steuerlich keine Nachteile. Gründen Sie deshalb mit Ihren Kolleginnen und Kollegen eine Fahrgemeinschaft!

Das **FAHRGERÄUSCH** Ihres Kraftfahrzeuges ist sowohl von der Technik, als auch von Ihrer Fahrweise abhängig. Nach Ansicht der Umweltexperten sollten die in den Kfz-Papieren eingetragenen Fahrgeräusche Werte bei PKW von 75 dB(A) bei 4-Gang-Getrieben bzw. 73 dB(A) bei 5-Gang-Energiespargetrieben nicht übersteigen!

Die **FAHRERTÜR** Ihres Kraftfahrzeuges wird im Laufe vc 100 000 km im Normalbetrieb durchschnittlich 38 000 m betätigt, bei reinem Stadtverkehr sogar 77 000 mal! Verme den Sie deshalb unnötigen Lärm und schließen Sie die Aut türen möglichst leise.

FAHRRADFAHREN ist umweltfreundlich, billig und gesund! Vor allem für kurze Wege innerhalb der Stadt sollte das Fahrrad benutzt werden, um unnötige Lärm- und Abgasemissionen zu vermeiden und Benzin zu sparen.

Die **FAHRWEISE** hat einen großen Einfluß auf die Lärm- (und Abgas-) Emissionen Ihres Kraftfahrzeuges. Wer ausgeglichen und vorausschauend fährt und auf kräftiges Bremsen und Beschleunigen verzichtet, vermeidet unnötigen Lärm, spart viel Benzin und schont die Nerven seiner Mitmenschen!

Die **GÄNGE** nicht zu hoch ausfahren! Legen Sie so oft wie möglich – auch im Stadtverkehr – den 4. Gang oder 5. Gang ein. Wer die Gänge „hochjubelt" belastet seine Umwelt mit einem Mehrfachen an Lärm (und Abgasen) – und vergeudet viel Benzin. Wird ein PKW bei 50 km/h im Stadtverkehr mit dem 2. statt mit dem 4. Gang gefahren, ist er um 10 dB(A) lauter; beim Motorrad sind die Unterschiede noch größer!

GEHÖRSCHUTZ sollten Sie bei allen lärmintensiven Tätigkeiten (von mehr als 85 dB(A)) am Arbeitsplatz und in der Freizeit, z.B. beim Schießsport, tragen. Bei Lärmpegeln von mehr als 85 dB(A) am Arbeitsplatz muß der Arbeitgeber Gehörschutz zur Verfügung stellen!

GEWERBEBETRIEBE müssen den Lärm auf das dem Stand der Technik entsprechende Mindestmaß beschränken. Lärmende Reparaturarbeiten, z.B. von Kfz-Werkstätten, dürfen nur in geschlossenen Räumen ausgeführt werden. Ruhestörende Tätigkeiten, z.B. Entladearbeiten, sind in der Zeit von 20 Uhr bis 7 Uhr verboten.

GRÜNE WELLE durch vorausschauendes Fahren nutzen! Der vernünftige Fahrer verzichtet auf unsinnige „Spurts" zwischen den Ampeln, vermeidet umweltbelastende Brems- und Beschleunigungsvorgänge und erreicht die Ampeln so, daß er – ohne zurückschalten oder gar anhalten zu müssen – durchfahren kann.

HAUSHALTSGERÄTE haben oft sehr unterschiedliche Lärmpegel. Häufig sind Unterschiede von etwa 7 dB(A) anzutreffen, das heißt, ein lautes Gerät erzeugt etwa soviel Lärm wie 5 leise Geräte! Machen Sie deshalb vor dem Kauf von Haushaltsgeräten einen vergleichenden Hörtest und achten Sie auf das Umweltzeichen für besonders leise Produkte (wie Staubsauger und Rasenmäher).

HECKKLAPPEN nicht unnötig laut schließen.

HEIMWERKEN macht vielen Mitbürgern Spaß und hilft Geld sparen. Die Ruhe der Nachbarn sollte dabei aber nicht gestört werden! Lautstarke Tätigkeiten, wie Klopfen, Bohren oder Sägen, sollten vor 20 Uhr beendet sein. Danach sind im Wohnbereich nur Arbeiten erlaubt, die keinen störenden Lärm verursachen.

Die **HÖCHSTGESCHWINDIGKEIT** Ihres Fahrzeuges sollten Sie nie voll ausfahren; das gilt vor allem für längere Autobahnstrecken! Sie vermeiden dadurch nicht nur hohe Lärmbelastungen, sondern sparen auch Benzin, erhöhen Ihre Sicherheit und verlängern die Lebensdauer Ihres Fahrzeuges!

HUPEN darf man nur bei Gefahr (oder wenn Sie außerhalb geschlossener Ortschaften überholen wollen). Eine Gefahr liegt nicht vor, wenn Sie Bekannte auf der Straße entdecken, sich vor der Haustür mit einem Hupkonzert verabschieden oder Ihrem Vordermann im Verkehr „Beine machen“ wollen!

Der „**KAVALIERSTART**", das unnötig hohe Beschleunigen eines Kraftfahrzeuges aus dem Stand heraus, ist, wie der Name schon sagt, eine meist männliche Fahr-Unsitte. Beim „Kavalierstart" wird nicht nur sehr viel Lärm erzeugt, sondern auch viel Kraftstoff verbraucht; darüber hinaus werden die Reifen verschlissen und der Motor geschädigt. „Kavalierstarts" sind daher kein Zeichen sportlichen Fahrens, sondern zeugen von der geistigen Unreife des „Kavaliers".

KINDERLÄRM sollten Sie tolerieren! Dennoch kann man auch hier durch Rücksichtnahme auf das Ruhebedürfnis der Nachbarn viel Ärger und Streit vermeiden.

Das **KLAVIER** sollten Sie auf „elastische Beine" (z. B. weiche Unterlage, Schwingmetalle oder Gummimatten) und mit Abstand von der Wand aufstellen, wenn Sie Klagen Ihrer Wohnungsnachbarn vermeiden möchten.

KNALLKÖRPER
wie Kanonenschläge, Luftheuler und andere Krachmacher dürfen nur in der Silvesternacht abgebrannt werden! Wer Feuerwerkskörper zu einem anderen Zeitpunkt zündet, macht sich strafbar.

KRACH wird von vielen Mitbürgern immer noch mit Kraft verwechselt. Technisch hochwertige Geräte mit langer Lebensdauer sind aber oft besonders leise!

LÄRMSCHUTZ AN GEBÄUDEN ist der Titel einer vom Umweltbundesamt herausgegebenen Broschüre, die über die Möglichkeiten des baulichen Schallschutzes und die bestehenden staatlichen Fördermaßnahmen informiert. Die Schrift kann im Buchhandel oder beim Erich Schmidt Verlag, Berlin, für eine Schutzgebühr von 10,– DM bezogen werden.

In **LÄRMSCHUTZBEREICHEN** um Flughäfen können dem Wohnungseigentümer unter bestimmten Voraussetzungen die Kosten für bauliche Schallschutzmaßnahmen bis zu einer Höhe von 130,– DM pro m^2 Wohnfläche erstattet werden.

LÄRMSCHUTZTELEFONE gibt es in allen Bundesländern. Die Telefon-Nummern finden Sie im Stichwort-Teil unter „**Beratungsstellen**".

Auch im **LEERLAUF** erzeugt Ihr Kraftfahrzeug Lärm (und Abgase). Schon bei einem Halt von einer halben Minute lohnt es sich, den Motor abzustellen. Sie schonen damit nicht nur die Nerven Ihrer Mitmenschen, sondern vermeiden auch unnötige Luftverschmutzung und sparen viel Kraftstoff (bei 3 Minuten Leerlauf verbrauchen Sie soviel Sprit wie bei 1 km Fahrt).

LÜCKENSPRINGEN im Stadtverkehr ist mit viel Streß für den Fahrer und die anderen Verkehrsteilnehmer verbunden, verursacht eine höhere Lärm- und Abgasbelastung und kostet viel Kraftstoff. Ein Test des ADAC hat bewiesen, daß der Zeitgewinn dabei minimal ist: Lückenspringen lohnt nicht!

MANIPULATIONEN können teuer zu stehen kommen! Wer an seinem Moped, Mofa oder Mokick herumbastelt und dabei den Schalldämpfer entfernt, macht das Gefährt nicht schneller,

sondern nur lauter. Manipulierte Zweiräder können Lärmwerte wie mittelschwere LKW erreichen! Das gibt nicht nur Ärger für die Mitmenschen, sondern auch für den Besitzer selbst: denn durch solche Manipulationen erlöschen die Betriebserlaubnis und der Versicherungsschutz!

MOTORBOOTLÄRM ist für Spaziergänger und Erholungssuchende oder andere, nicht-motorisierte Wasserfreunde, wie Ruderer, Schwimmer und Segler, besonders lästig. Machen Sie deshalb aus unseren Seen und Flüssen keine Rennplätze, beachten Sie die jeweiligen Vorschriften über die Benutzung von Motorbooten auf den Gewässern und nehmen Sie Rücksicht auf die nicht-motorisierten Mitbürger.

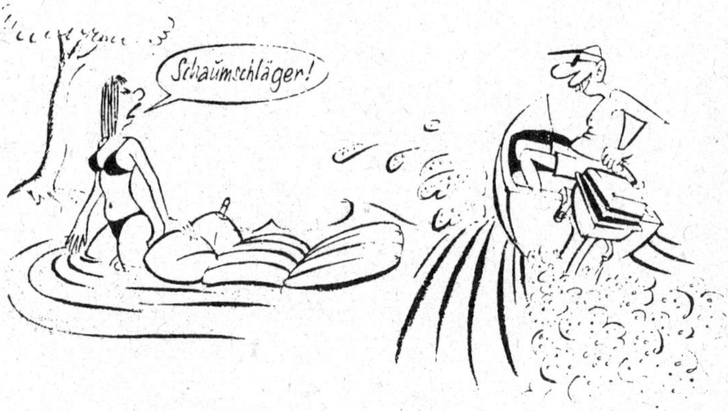

MUSIKANLAGEN sollten Sie grundsätzlich auf Zimmerlautstärke stellen. Stellen Sie die Baßregler auf möglichst niedrige Werte. Bringen Sie die Lautsprecher nicht an Wänden an und stellen Sie diese nicht ohne dämpfende Unterlagen auf den Fußboden. Denken Sie daran, daß die Nachtruhe (in der Regel ab 22 Uhr) gesetzlich besonders geschützt ist. Wer mit Musikgeräten mutwillig gegen die Lärmschutzbestimmungen verstößt, muß damit rechnen, daß das Gerät eingezogen wird. Selbst vor teuren Stereoanlagen macht die Behörde da nicht halt!

Der **ÖPNV**, das heißt: der Öffentliche Personen-Nahverkehr, wie Linienbus, Straßenbahn, S- oder U-Bahn, verursacht weniger Umweltbelastungen als der Individualverkehr. Wer also vom Privat-PKW auf öffentliche Verkehrsmittel umsteigt, entlastet die Umwelt von Lärm- (und Abgas-) Emissionen und hilft mit, Energie zu sparen.

Auch das „**PARK AND RIDE**"-System soll unsere Innenstädte vom privaten Autoverkehr entlasten. Nutzen Sie diese Möglichkeit, die schon in vielen Städten angeboten wird: Stellen Sie Ihr Auto auf den eigens dafür eingerichteten Parkplätzen an den Stadtgrenzen ab und fahren Sie anschließend mit den öffentlichen Verkehrsmitteln in die Innenstadt.

PARTYLÄRM darf nicht in Krach ausarten und Ihren Nachbarn den Nachtschlaf rauben. Besonders störend sind tieffrequente Geräusche, wie die Bässe bei Musik oder das Hopsen beim Tanzen. Sprechen Sie sich deshalb vor der Feier mit Ihren Mitbewohnern ab, drehen Sie ab 22 Uhr die Musik auf Zimmerlautstärke und halten Sie die Fenster geschlossen.

RASENMÄHERLÄRM ist besonders lästig, weil Rasenmäher meist in den Ruhe- und Erholungszeiten am Feierabend oder am Wochenende betrieben werden. Rasenmäher dürfen deshalb grundsätzlich nur werktags in der Zeit von 7 bis 19 Uhr betrieben werden. Ausnahmen gelten für lärmarme Rasenmäher mit einem Lärmwert von unter 60 dB(A); diese dürfen auch von 19 bis 22 Uhr und an Sonn- und Feiertagen benutzt werden. Achten Sie deshalb bei der Anschaffung eines Rasenmähers auf die Lärmwerte! Viele der leisen Rasenmäher sind zur besseren Information des Verbrauchers mit einem „Umweltzeichen" ausgestattet. Auch der „Verein Deutscher Ingenieure" (VDI) gibt einen „Rasenmäherreport" mit Vergleichswerten für den Lärm der verschiedenen Rasenmäher heraus.

Wo **REIFEN** quietschen, sitzt der Leichtsinn am Steuer! Nur Leichtsinnige fahren quietschend in die Kurve: das Kraftfahrzeug ist dann an der Grenze zum Ausbrechen und der Fahrer gefährdet sich und andere Verkehrsteilnehmer. Außerdem werden die Reifen schneller abgefahren. Deshalb: rechtzeitig bremsen und mit mäßiger Geschwindigkeit durch die Kurve!

ROLLÄDEN können wirksam gegen Lärm schützen. Der Abstand zur Fensterscheibe sollte aber mindestens 15 cm betragen; geringe Abstände verschlechtern die Schalldämmung.

SCHALLSCHUTZFENSTER können Lärmbelästigungen auf ein Minimum reduzieren und gleichzeitig die Wärmedämmung verbessern. Die Wirksamkeit von Schallschutzfenstern hängt wesentlich vom sorgfältigen Einbau ab. Da der Schallschutz nur bei geschlossenen Fenstern gewährleistet ist, empfiehlt sich oft der zusätzliche Einbau schallgedämmter Lüftungseinrichrungen. Für den Einbau von Schallschutzfenstern gibt es Zuschüsse oder Steuervorteile nach dem Wohnungsbaumodernisierungsgesetz oder eine Erstattung von Aufwendungen nach dem Fluglärmgesetz.
Einige Städte haben Schallschutzfensterprogramme, durch die der Einbau von Schallschutzfenstern in Gebäuden an Hauptverkehrsstraßen gefördert wird.

SPORTAUSPUFFANLAGEN machen Autos laut! Nach Untersuchungen des Umweltbundesamtes sind Sportauspuffanlagen in Extremfällen bis zu 100 mal lauter als Serienanlagen; sie können darüber hinaus die Motorleistung beeinträchtigen und haben in den meisten Fällen eine geringere Lebensdauer als Serienauspuffanlagen.

„SPORTLICHE" FAHRER verursachen viel Lärm und verbrauchen mehr Sprit als „normale" Fahrer. Eine Untersuchung des Umweltbundesamtes hat ergeben, daß ein „sportlich wilder" Fahrer im Mittel 8 dB(A) lauter als ein „lärmarmer" Fahrer fährt und für sein lärmendes Verhalten 78 % mehr Benzin als der leise Fahrer vergeudet.

Wer stets mit vollen Touren jagt, wird von der Umwelt angeklagt!

TIERLÄRM wird von den Besitzern von Haustieren nur zu gern überhört. Den Nachbarn kann ständiges Bellen, Kläffen, Kreischen oder Krähen dagegen sehr stören! Tiere sind deshalb so zu halten, daß Dritte durch Lärm nicht unzumutbar beeinträchtigt werden. Im übrigen sind die Ordnungsbehörden bei fortwährender Ruhestörung durchaus berechtigt, Ihren vierbeinigen oder geflügelten Hausgenossen zu beschlagnahmen!

TÜRENSCHLAGEN in Gebäuden erzeugt Körperschall, der sich in den Wänden fortpflanzt. Durch Zwischenlegen von Dichtungsbändern kann der durch das Anschlagen verursachte Lärm verringert werden.

Viele **UMWELTVERBÄNDE** sind auch im Lärmschutz engagiert. Ein Verzeichnis der überregionalen und regionalen Umweltschutzverbände in der Bundesrepublik Deutschland kann unter dem Titel „Bürger im Umweltschutz" kostenlos vom Umweltbundesamt, Bismarckplatz 1, 1000 Berlin 33, bezogen werden.

Das **UMWELTZEICHEN** wird Produkten verliehen, die aufgrund bestimmter Eigenschaften umweltfreundlicher als vergleichbare Produkte sind. Aus Gründen des Lärmschutzes wurden bisher lärmarme
- Motorrasenmäher,
- Omnibusse,
- Lastkraftwagen und
- Staubsauger

mit dem Umweltzeichen ausgezeichnet.
Achten Sie deshalb bei künftigen Anschaffungen auf das Umweltzeichen!

Umweltfreundlich
weil lärmarm und energiesparend
Jury Umweltzeichen

Mit **VORSATZSCHALEN** können Sie die Schalldämmung Ihrer Wände verbessern. Sie können aus Gipskarton- oder Spanplatten hergestellt werden und sollten im Abstand von 6 bis 8 cm von der Wand aufgestellt werden. Der Zwischenraum wird locker mit schallschluckendem Material, z.B. Mineralfasermatten oder alten Stoffresten, gefüllt.

Das **WARMLAUFEN** des Motors wird heute nicht mehr empfohlen. Wenn Sie sofort losfahren, erreicht der Motor am ehesten eine günstige Betriebstemperatur. Damit vermeiden Sie auch unnötige Lärmstörungen (und Abgasemissionen) im Wohnbereich.